2014

中国环境质量报告

中华人民共和国环境保护部　编

中国环境出版社·北京

图书在版编目（CIP）数据

2014 中国环境质量报告/中华人民共和国环境保护部
编. —北京：中国环境出版社，2015.12
ISBN 978-7-5111-2605-4

Ⅰ．①2… Ⅱ．①中… Ⅲ．①环境质量—研究报
告—中国—2014 Ⅳ．①X821.209

中国版本图书馆 CIP 数据核字（2015）第 255363 号

审图号：GS（2015）1770 号

出 版 人　王新程
责任编辑　董蓓蓓
责任校对　尹　芳
封面设计　彭　杉

出版发行　中国环境出版社
　　　　　（100062　北京市东城区广渠门内大街 16 号）
　　　　　网　　址：http://www.cesp.com.cn
　　　　　电子邮箱：bjgl@cesp.com.cn
　　　　　联系电话：010-67112765（编辑管理部）
　　　　　发行热线：010-67125803，010-67113405（传真）
印　　刷　北京中科印刷有限公司
经　　销　各地新华书店
版　　次　2015 年 12 月第 1 版
印　　次　2015 年 12 月第 1 次印刷
开　　本　787×1092　1/16
印　　张　12.5
字　　数　274 千字
定　　价　65.00 元

《2014中国环境质量报告》编委会名单

主　任　吴晓青

副主任　万本太　罗　毅　陈　斌

编　委（以姓氏笔画为序）

王业耀　史　宇　刘　方　刘廷良　孙宗光　朱建平
何立环　张凤英　张建辉　张殷俊　李名升　李国刚
李　茜　肖建军　陈善荣　周　磊　林兰钰　罗海江
宫正宇　唐桂刚　傅德黔　景立新　温香彩　滕恩江

主　编　陈　斌

副主编　陈善荣　李国刚　王业耀　傅德黔　张建辉　罗海江

编　辑（中国环境监测总站　以姓氏笔画为序）

丁　页　于　洋　马广文　王　帅　王晓斐　白　雪
刘　允　刘　京　刘海江　刘通浩　刘喜惠　吕　卓
孙　聪　朱　擎　齐　杨　张　欣　张　霞　李东一
李　亮　李俊龙　李宪同　李　钢　李晓明　李　塱
杜　丽　汪太明　汪　赟　陆泗进　陈　平　陈亚男
陈　鑫　周　囝　周　密　孟晓艳　郑皓皓　姚志鹏
封　雪　赵晓军　高小晋　嵇晓燕　彭福利　程麟钧
董贵华　解淑艳　潘本锋　魏俊山

（地方环境监测中心/站　以行政区划代码为序）

荆红卫　　　（北京市环境保护监测中心）

关玉春　　　（天津市环境监测中心）

张　丰　　　（河北省环境监测中心站）

吕　安　　　（山西省环境监测中心站）

赵宏玺　　　（山西省环境监测中心站）

岳彩英　　　（内蒙古自治区环境监测中心站）

谢　轶　　　（辽宁省环境监测实验中心）

于　洋　　　（吉林省环境监测中心站）

伍跃辉　　（黑龙江省环境监测中心站）

胡雄星　　（上海市环境监测中心）

董圆媛　　（江苏省环境监测中心）

俞　洁　　　（浙江省环境监测中心）

王　欢　　　（安徽省环境监测中心站）

陈文花　　（福建省环境监测中心站）

刘　辉　　　（江西省环境监测中心站）

刘　菁　　　（山东省环境监测中心站）

安国安　　（河南省环境监测中心）

程继雄　　（湖北省环境监测中心站）

潘海婷　　（湖南省环境监测中心站）

周　伟　　　（广东省环境监测中心）

黄良美　　（广西壮族自治区环境监测中心站）

江美凤　　（海南省环境监测中心站）

龚　立　　　（重庆市环境监测中心）

黄胜红　　（四川省环境监测总站）

戴　刚　　　（贵州省环境监测中心站）

王　健　　　（云南省环境监测中心站）

巫鹏飞　　（西藏自治区环境监测中心站）

丁　强　　　（陕西省环境监测中心站）

李　珉　　　（甘肃省环境监测中心站）

李淑敏　　（青海省环境监测中心站）

赵　倩　　　（宁夏回族自治区环境监测中心站）

康　宏　　　（新疆维吾尔自治区环境监测总站）

孙宇颖　　（新疆生产建设兵团环境监测中心站）

王晓芬　　（环境保护部辐射环境监测技术中心）

邵君波　　（浙江省舟山海洋生态环境监测站）

主 编 单 位　中国环境监测总站

参加编写单位　环境保护部辐射环境监测技术中心

　　　　　　　浙江省舟山海洋生态环境监测站

资料提供单位　各省（区、市）环境监测中心（站）

　　　　　　　各省辖市（地区、州、盟）环境监测（中心）站

前 言

　　说清环境质量的状况及变化趋势是环境监测的首要任务，确保环境质量数据的科学性和准确性是环境监测的生命线。《2014 中国环境质量报告》以国家环境监测网监测数据为基础，以"三个说清"为目标，对 2014 年全国环境质量状况进行了深入分析和总结，为制定环保政策提供科学依据和技术支撑。

　　本报告中环境质量状况监测数据来源于国家环境监测网。国家环境监测网包括：由覆盖 338 个地级及以上城市 1 436 个点位的常规环境空气监测网、覆盖 82 个点位的沙尘天气影响环境空气质量监测网、覆盖全国 31 个省会城市和直辖市以及 3 个温室气体背景站（山东长岛、青海门源和内蒙古呼伦贝尔）的温室气体监测网、覆盖 15 个站点的国家空气背景监测网、覆盖 31 个站点的区域（农村）空气自动监测网组成的国家环境空气监测网，由覆盖 423 条河流和 62 座湖泊（水库）的 972 个断面（点位）组成的国家地表水环境监测网，由覆盖 487 个城市（区、县）的 1 000 余个点位组成的国家酸沉降监测网，覆盖 338 个地级及以上城市近 1 000 个集中式饮用水水源地的饮用水水源地水环境监测网，由覆盖全国近岸海域的 301 个监测点位组成的近岸海域环境监测网，由覆盖 338 个地级及以上城市的近 8 万个点位组成的城市声环境监测网，覆盖 31 个省份的生态环境监测网。本报告中监测数据除特别说明外，均未包括台湾省、香港特别行政区和澳门特别行政区。

　　按新标准开展监测的第一、二阶段城市环境空气质量评价依据《环境空气质量标准》（GB 3095—2012），评价指标为二氧化硫（SO_2）、二氧化氮（NO_2）、可吸入颗粒物（PM_{10}）、细颗粒物（$PM_{2.5}$）、一氧化碳（CO）和臭氧（O_3）；地级及以上城市环境空气质量评价依据《环境空气质量标准》（GB 3095—1996），评价指标为 SO_2、NO_2 和 PM_{10}。地表水水质评价依据《地表水环境质量标准》（GB 3838—2002）和《地表水环境质量评价办法（试行）》，评价指标为 21 项；湖泊（水库）营养状态评价指标为叶绿素 a、总磷、总氮、透明度和高锰酸盐指数；集中式饮用水水源地水质评价依据《地表水环境质量标准》（GB 3838—2002）和《地下水质量标准》（GB/T 14848—93），地表水水源地评价指标为 61 项，地下水水源地评价指标为 23 项。近岸海域水质评价依据《海水水质标准》（GB 3097—1997）和《近岸海域环境监测规范》（HJ 442—2008），评价指标为 28 项。声环境质量评价依据《环境噪声监测技术规范 城市声环境常规监测》（HJ 640—2012）和《声环境质量标准》（GB 3096—2008）。生态环境状况评价依据《生态环境状况评价技术规范》（HJ 192—2015）。辐射环境质量评价依据《电离辐射防护与辐射源安全基本标准》（GB 18871—2002）、《电磁辐射防护规定》（GB 8702—88）、《辐射环境监测技术规范》（HJ/T 61—2001）、《生活饮用水卫生标准》（GB 5749—2006）、《海水水质标准》（GB 3097—1997）、《食品中放射性物质限制浓度标准》（GB 14882—94）、《核动力厂环境辐射防护规定》（GB 6249—2011）、《铀矿冶辐射防护和环境保护规定》（GB 23 727—2009）和《500 kV 超高压送变电工程电磁辐射环境影响评价技术规范》（HJ/T 24—1998）。

目　录

第四篇　总　结

附　表

第一篇

环境监测概况

1.1　污染物排放统计

污染排放数据根据全国 31 个省（自治区、直辖市）（以下简称省份）及新疆生产建设兵团（以下简称兵团）环境统计资料汇总整理而成。

"十二五"环境统计报表制度调查范围包括工业污染源、农业污染源、城镇生活污染源、机动车、集中式污染治理设施等。工业污染源包括辖区内有污染物排放的所有工业企业；城镇生活污染源包括城市和集镇内居民在日常生活及各种活动中产生、排放的污染物情况；机动车包括辖区内所有机动车；农业污染源包括畜禽养殖业、水产养殖业和种植业；集中式污染治理设施包括辖区内所有集中式污染治理设施，包括污水处理厂、垃圾处理厂（场）、危险废物（医疗废物）处理（处置）厂。

工业污染源采取对重点调查工业企业逐个发表调查汇总，非重点调查工业企业采用比率估算法的方式核算。农业污染源以县（区）为基本单位进行调查。畜禽养殖业中的规模化养殖场（小区）采用逐场（小区）发表调查，养殖专业户根据饲养量和排污强度核算污染物排放量。水产养殖业根据第一次全国污染源普查及水产围网养殖面积变化核算污染物排放量。种植业污染物排放量与第一次全国污染源普查数据基本保持一致。城镇生活污染源以地市为基本调查单位，污染物产生量依据相关部门的统计数据和产污系数核算，排放量为产生量与集中式污水处理厂生活污染物的去除量之差。机动车以地市为基本调查单位，根据车型、燃料类型、机动车保有量等核算污染物排放量。集中式污染治理设施逐家发表调查汇总。

1.2　环境空气质量监测

（1）空气质量新标准监测

按照《空气质量新标准第二阶段监测实施方案》（环办[2013]30 号）的要求，2014 年 1 月 1 日起，环保重点城市、环保模范城市和京津冀、长三角、珠三角区域地级及以上城市（含部分地、州、盟所在地，以下同）在内的 161 个城市，共计 884 个国家网监测点位，完成《环境空气质量标准》（GB 3095—2012）相关的能力建设，实现 $PM_{2.5}$、PM_{10}、SO_2、NO-NO_2、CO、O_3、气象五参数（温度、湿度、气压、风向、风速）、能见度等项目 24 h 连续自动监测，并向公众实时发布六项污染物（$PM_{2.5}$、PM_{10}、SO_2、NO_2、CO、O_3）监测数据以及空气质量指数（AQI）。

（2）常规环境空气监测

2014 年，尚未监测实施空气质量新标准的其他地级及以上城市开展了常规环境空气质量监测，并每月上报各个监测点位污染物日均质量浓度数据。监测方法为 24 h 连续自动监测，监测指标包括二氧化硫（SO_2）、二氧化氮（NO_2）和可吸入颗粒物（PM_{10}），部分城市开展光化学烟雾和灰霾试点监测，包括臭氧（O_3）、一氧化碳（CO）、细颗粒物（$PM_{2.5}$）、挥发性有机化合物（VOCs）等。

（3）沙尘天气影响环境空气质量监测

2014 年，沙尘天气影响环境空气质量监测网覆盖全国 82 个点位。沙尘天气监测指标中必测项目包括 PM_{10} 和 TSP，选测项目包括能见度、风速、风向和大气压。在 1—6 月进行连续监测，其他时间在沙尘天气发生时开展实时监测。在大范围沙尘天气发生时，113 个环保重点城市组成的国家环境空气质量监测网可作为沙尘监测网的补充，共同反映沙尘天气对城市环境空气质量的影响。

（4）温室气体监测

2014 年，全国 31 个城市站（包括 4 个直辖市和 27 个省会城市）和 3 个温室气体背景站（山东长岛、青海门源和内蒙古呼伦贝尔）开展温室气体监测。其中，31 个城市站开展 CO_2、CH_4 监测，3 个背景站开展 CO_2、CH_4 和 N_2O 监测。监测方法均为 24 h 连续自动监测。

（5）空气背景监测

2014 年，15 个国家空气监测背景站中，有 13 个背景站正常开展了空气背景监测，具体包括海南五指山、福建武夷山、广东南岭、云南丽江、湖北神农架、湖南衡山、山东长岛、山西庞泉沟、内蒙古呼伦贝尔、吉林长白山、新疆阿勒泰、青海门源和四川海螺沟。监测项目主要包括 SO_2、NO_x、O_3、CO、PM_{10}、$PM_{2.5}$ 和气象五参数。监测方法为 24 h 连续自动监测，监测数据实时报送。西沙背景站正在建设中，西藏纳木错背景站年底通过验收。

（6）区域（农村）空气自动监测

2014 年，全国 31 个区域（农村）站开展了农村区域空气质量监测，具体包括北京密云水库、天津里自沽、河北衡水湖、山西石匣、内蒙古牙克石、辽宁青堆子、吉林西五、黑龙江清泉、上海崇明岛、江苏洪泽湖、浙江赋石水库、安徽响洪甸、福建双龙、江西考水、山东苇场、河南坡头、湖北温峡口、湖南花溪峪、广东中古坑、广西东岭、海南南轩、重庆大地村、四川龚村、贵州金沙、云南石林、西藏当杰、陕西华阳、甘肃静宁、青海南门峡、宁夏良繁场和新疆那拉提。监测项目包括 SO_2、NO_2 和 PM_{10}。监测方法为 24 h 连续自动监测，监测数据实时报送。

1.3 降水监测

2014 年，全国 470 个城市（区、县）（以下简称城市）开展了降水酸度（pH）和酸雨发生频率监测，其中 181 个位于酸雨控制区，64 个位于二氧化硫控制区。开展酸雨监测的城市中，382 个城市对降水中的硫酸根离子、硝酸根离子、氟离子、氯离子、铵离子、钙离子、镁离子、钠离子、钾离子 9 种离子进行化学监测。

1.4　地表水水质监测

（1）地表水水质监测

2014年，按照环保部《国家地表水环境监测网设置方案》（环发[2012]42号）的规定，国家地表水环境监测网中968个国控断面（点位）开展了水质监测（图们江延边州开山屯下断面、乌鲁木齐河乌鲁木齐市高家户桥断面、金沙江昌都地区岗托桥断面和大伙房水库抚顺市浑73点位因无法采样未监测）。断面（点位）覆盖长江、黄河、珠江、松花江、淮河、海河、辽河、浙闽片河流、西北诸河和西南诸河及太湖、滇池和巢湖环湖河流等共423条河流，以及太湖、滇池、巢湖等62个（座）重点湖泊（水库）。监测指标为《地表水环境质量标准》（GB 3838—2002）中表1规定的24项。河流增测电导率和流量，湖库增测透明度、叶绿素a和水位等指标。监测时间为每月1—10日。

（2）全国地级及以上城市集中式饮用水水源地水质监测

2014年，全国329个地级及以上城市共监测871个集中式饮用水水源地。地表水水源地每月监测《地表水环境质量标准》（GB 3838—2002）中除COD外的23项基本项目、5项水源地补充项目和优选33项指标，地下水水源地每月按《地下水质量标准》（GB/T 14848—93）中23项指标进行监测。

（3）水生生物试点监测

2013年（因实验室分析周期较长，评价结果滞后），中国环境监测总站组织黑龙江、吉林和内蒙古的13个监测站继续在松花江流域内15条河流和7个湖泊（水库）的69个断面（点位）开展水生生物监测。监测指标包括水生生物多样性、鱼类生物残留、水体富营养化、鱼类生长观测和例行理化监测等。分别于6月和9月进行两次监测。

（4）"三湖一库"蓝藻水华预警监测

2014年，太湖、巢湖、滇池和三峡库区（简称"三湖一库"）继续开展蓝藻水华预警监测。其中，太湖布设20个湖体监测点位、3个饮用水水源地监测点位、3个水质自动监测站和26个环湖河流监测断面，监测时间为4月1日—9月30日，3个饮用水水源地监测点位频次为1次/d，湖体点位和环湖河流断面监测频次为1次/周（周一至周三）；巢湖布设12个湖体监测点位和2个水质自动监测站，监测频次4月1日—5月31日为1次/周，6月1日—9月30日为1次/2d；滇池布设10个湖体监测点位，监测时间为4月1日—9月30日，监测频次为1次/周（周一至周三）；卫星遥感监测湖体水华频次均为1次/周。三峡库区布设77个预警监测断面（重庆库区60个、湖北库区17个），监测时间为3—10月，监测频次为1次/月，每月在上、中、下旬至少开展三次巡测。

"三湖"湖体监测水温、透明度、pH、溶解氧、氨氮、高锰酸盐指数、总氮、总磷、叶绿素a和藻类密度（鉴别优势种），卫星遥感监测水华面积；环湖河流监测水温、pH、溶解氧、氨氮、高锰酸盐指数、总氮和总磷。三峡库区监测水温、pH、溶解氧、高锰酸盐指数、氨氮、石油类、五日生化需氧量、汞、铅、挥发酚、化学需氧量、总氮、总磷、粪大肠菌群、铬（六价）、叶绿素 a、透明度、悬浮物、电导率、硝酸盐氮、亚硝酸盐氮和流速。

1.5 近岸海域水质监测

（1）近岸海域海水水质监督性监测

2014 年，全国近岸海域环境监测网成员单位根据不同情况和监测条件，进行了 2～3 期的监测，其中 1 期为全项目监测。共布设监测站位 301 个（渤海 49 个、黄海 54 个、东海 95 个、南海 103 个），涉及 11 个省份的 56 个沿海城市，监测面积为 281 012 km²。

（2）海水浴场水质监测

2014 年 6—9 月，全国 16 个沿海城市的 27 个海水浴场开展了暑期浴场水质监测，共监测 383 个次。

（3）陆源污染物入海情况监测

2014 年，全国近岸海域环境监测网对 415 个污水日排放量大于 100 m³ 的直排海污染源开展了污染物入海量监测，对 198 个入海河流断面开展了水质监测。

1.6 城市声环境质量监测

2014 年，327 个城市开展了城市区域声环境质量监测，共监测点位 55 425 个；325 个城市开展了道路交通噪声监测，共监测点位 21 235 个；296 个城市开展了功能区声环境质量监测，共监测 19 250 点次，昼间、夜间各 9 625 点次。城市区域和城市道路交通噪声为昼间监测，城市功能区噪声为 24 h 监测。

1.7 生态环境质量监测

（1）生态环境质量监测

生态环境质量监测以遥感监测为主、地面核查为辅。遥感影像数据源以 Landsat8 OLI、ZY-3、ZY-02C、GF-1、MODIS NDVI、环境卫星等为主。遥感监测项目为土地利用/覆盖数据（6 大类、26 小项），其他相关数据包括土壤侵蚀、水资源量、降水量、SO_2 排放量、COD 排放量、固体废物排放量、氨氮排放量、NO_x 排放量、烟（粉）尘排放量等。

（2）生态功能区县域生态环境质量监测评价

国家重点生态功能区县域生态环境质量监测评价专项工作于 2009 年启动，评估范围主要是《全国主体功能区规划》中限制开发区的国家重点生态功能区，涉及防风固沙、水土保持、水源涵养和生物多样性维护四种生态功能类型。2014 年监测评价县域 512 个。

1.8 辐射环境质量监测

（1）辐射环境质量监测

2014 年，根据《全国辐射环境监测方案》，辐射环境自动监测站空气吸收剂量率和气溶胶监测覆盖了 94 个地级及以上城市，沉降物和空气中氚化水监测覆盖了直辖市和省会城市。地表水监测覆盖了长江、黄河、珠江、松花江、淮河、海河、辽河、浙闽片河流、西北诸河、西南诸河和太湖、巢湖等重点湖泊（水库），其中主要江河流域布设了 89 个断面，湖泊（水库）布设了 18 个点位；饮用水水源地监测覆盖了 31 个省份，主要分布在直辖市和省会城市，布设了 32 个点位；地下水监测覆盖了 30 个省份，布设了 30 个点位；近岸海域监测覆盖了沿海 11 个省份，布设了 47 个海水监测点和 36 个海洋生物点位。土壤监测覆盖了 177 个地级及以上城市。放射性监测项目主要包括总α和总β，天然放射性核素铀、钍、镭-226、钾-40，及人工放射性核素锶-90、铯-137 等。环境电磁辐射监测覆盖了直辖市和省会城市，布设了 44 个监测点，监测项目为环境综合电场强度。

（2）核与辐射设施周围环境监督性监测

2014 年，对 39 个国家重点监管的民用核与辐射设施开展了监督性监测，包括核电厂、民用研究堆、核燃料循环设施和废物处置设施、铀矿冶设施、伴生放射性矿物采选利用设施。监督性监测方案的制订考虑的因素包括：核与辐射设施的主要特征；释放的核素种类和排放量，以及它们的物理和化学形态、释放的方式和途径；释放的核素在环境中转移规律及其影响因素，如气象、地质、水文、生态等；农业、渔业、水和食物的供给，工业对环境资源的利用；人口分布、饮食习惯等。根据上述因素，按照《全国辐射环境监测方案》和《辐射环境监测技术规范》（HJ/T 61—2001）的要求，开展监督性监测。

（3）电磁辐射设施周围环境监督性监测

2014 年，对 41 个电磁辐射设施开展了监督性监测，包括广播电视发射设施、输变电设施、交通设施和移动通信基站。根据电磁辐射设施类别，按照《全国辐射环境监测方案》的要求，开展监督性监测。

第二篇

污染物排放

2.1　废水

2.1.1　全国废水及主要污染物排放情况

2.1.1.1　废水排放情况

　　2014年，全国废水排放量716.2亿t，比上年增加3.0%。其中，工业废水排放量205.3亿t，比上年减少2.1%，占废水排放总量的28.7%。生活污水排放量510.3亿t，比上年增加5.2%，占废水排放总量的71.2%。集中式污染治理设施废水排放量0.6亿t，占废水排放总量的0.1%。

表2-1　全国废水及其主要污染物排放量年际对比

年份	废水排放量/亿t				化学需氧量排放量/万t					氨氮排放量/万t				
	合计	工业	生活	集中式	合计	工业	农业	生活	集中式	合计	工业	农业	生活	集中式
2013	695.4	209.8	485.1	0.5	2 352.7	319.5	1 125.8	889.8	17.7	245.7	24.6	77.9	141.4	1.8
2014	716.2	205.3	510.3	0.6	2 294.6	311.3	1 102.4	864.4	16.5	238.5	23.2	75.5	138.1	1.7
变化率/%	3.0	−2.1	5.2	—	−2.5	−2.6	−2.1	−2.9	—	−2.9	−5.7	−3.1	−2.3	—

注：① 自2011年起增加农业源的污染排放统计；
　　② 此处集中式污染治理设施包括生活垃圾处理厂（场）和危险废物（医疗废物）集中处理（置）厂垃圾渗滤液中排放的污染物。

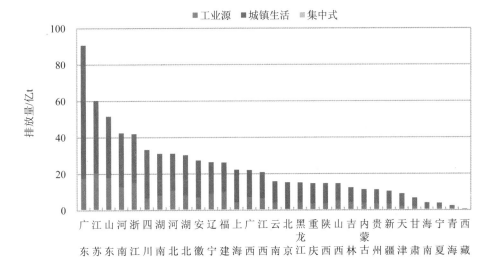

图2-1　2014年各地区废水排放情况

2.1.1.2 化学需氧量排放情况

2014 年，全国废水中化学需氧量排放量 2 294.6 万 t，比上年减少 2.5%。其中工业废水中化学需氧量排放量 311.3 万 t，比上年减少 2.6%，占化学需氧量排放总量的 13.6%。农业源排放化学需氧量 1 102.4 万 t，比上年减少 2.1%，占化学需氧量排放总量的 48.0%。城镇生活污水中化学需氧量排放量 864.4 万 t，比上年减少 2.9%，占化学需氧量排放总量的 37.7%。集中式污染治理设施废水中化学需氧量排放量 16.5 万 t，占化学需氧量排放总量的 0.7%。

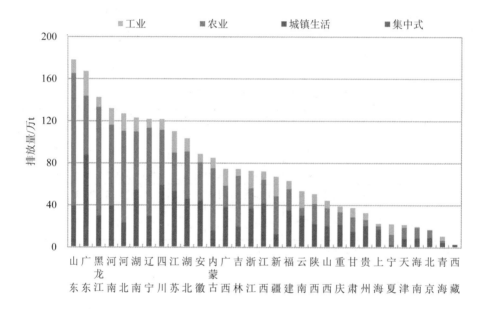

图 2-2 2014 年各地区废水中化学需氧量排放情况

2.1.1.3 氨氮排放情况

2014 年，全国废水中氨氮排放量 238.5 万 t，比上年减少 2.9%。其中工业废水中氨氮排放量 23.2 万 t，比上年减少 5.7%，占氨氮排放总量的 9.7%。农业源排放氨氮 75.5 万 t，比上年减少 3.1%，占氨氮排放总量的 31.7%。城镇生活污水中氨氮排放量 138.1 万 t，比上年减少 2.3%，占氨氮排放总量的 57.9%。集中式污染治理设施废水中氨氮排放量 1.7 万 t，占氨氮排放总量的 0.7%。

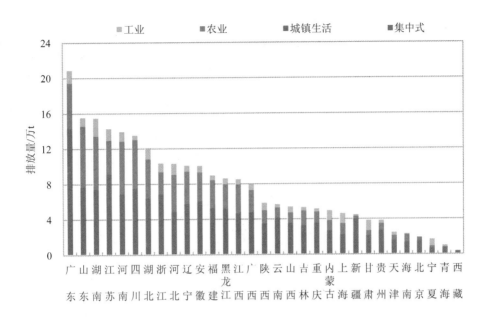

图 2-3　2014 年各地区废水中氨氮排放情况

2.1.1.4　工业废水中重金属及其他污染物排放情况

2014 年，全国工业废水中石油类排放量 16 050.4 t，比上年减少 7.7%；挥发酚排放量 1 362.9 t，比上年增加 8.2%；氰化物排放量 165.4 t，比上年增加 2.1%。

废水中六项重金属（汞、镉、六价铬、总铬、铅、砷）排放量分别为 0.67 t、16.9 t、34.8 t、131.8 t、71.8 t 和 109.2 t，比上年分别减少 14.1%、5.6%、40.1%、18.6%、3.1%和 2.2%。

表 2-2　全国工业废水中重金属及其他污染物排放量　　　　　　　　　　　单位：t

年份	石油类	挥发酚	氰化物	汞	镉	六价铬	总铬	铅	砷
2013	17 389.2	1 259.1	162.0	0.78	17.9	58.1	161.9	74.1	111.6
2014	16 050.4	1 362.9	165.4	0.67	16.9	34.8	131.8	71.8	109.2
变化率/%	−7.7	8.2	2.1	−14.1	−5.6	−40.1	−18.6	−3.1	−2.2

2.1.2　环保重点城市废水及主要污染物排放情况

2014 年，全国 113 个环保重点城市废水排放量 418.4 亿 t，比上年增加 3.4%，占全国废水排放总量的 58.4%。其中，工业废水排放量 109.9 亿 t，比上年减少 2.4%；城镇生活污水排放量 308.0 亿 t，比上年增加 5.6%；集中式污染治理设施废水排放量 0.5 亿 t。

环保重点城市化学需氧量排放量 990.4 万 t，比上年减少 3.1%，占全国化学需氧量排放总量的 43.2%。其中，工业化学需氧量排放量 130.9 万 t，比上年减少 1.6%；农业化学需氧量排放量 473.0 万 t，比上年减少 2.5%；城镇生活化学需氧量排放量 379.0 万 t，比上年减少 4.3%；集中式化学需氧量排放量 7.5 万 t。

环保重点城市氨氮排放量 110.3 万 t，比上年减少 3.5%，占全国氨氮排放总量的 46.2%。其中，工业氨氮排放量 11.5 万 t，比上年减少 6.4%；农业氨氮排放量 30.3 万 t，比上年减少 3.5%；城镇生活氨氮排放量 67.8 万 t，比上年减少 2.8%；集中式氨氮排放量 0.7 万 t。

2.1.3 重点行业废水及主要污染物排放情况

2.1.3.1 重点行业废水排放情况

2014 年，在调查统计的 41 个工业行业中，废水排放量位于前 4 位的行业依次为造纸和纸制品业、化学原料和化学制品制造业、纺织业，煤炭开采和洗选业，4 个行业的废水排放量共 88.0 亿 t，占重点调查统计企业废水排放总量的 47.1%。

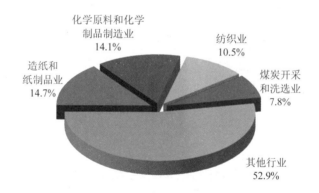

图 2-4　2014 年重点行业废水排放情况

2.1.3.2 重点行业化学需氧量排放情况

2014 年，在调查统计的 41 个工业行业中，化学需氧量排放量位于前 4 位的行业依次为造纸和纸制品业、农副食品加工业、化学原料和化学制品制造业、纺织业，4 个行业的化学需氧量排放量共 149.4 万 t，占重点调查统计企业排放总量的 54.4%。

表 2-3　2014 年重点行业主要污染物排放情况　　　　　　　单位：万 t

行业	化学需氧量	氨氮
造纸和纸制品业	47.8	1.6
农副食品加工业	44.1	1.9
化学原料和化学制品制造业	33.6	6.7
纺织业	23.9	1.7
累计	149.4	11.9

注：自 2011 年起，按《国民经济行业分类》（GB/T 4754—2011）标准执行分类环境统计。

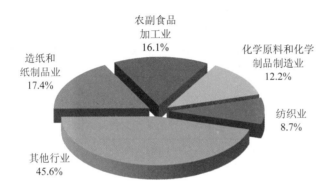

图 2-5　2014 年重点行业化学需氧量排放情况

2.1.3.3　重点行业氨氮排放情况

2014 年，在调查统计的 41 个工业行业中，氨氮排放量位于前 4 位的行业依次为化学原料和化学制品制造业、农副食品加工业、纺织业、造纸和纸制品业，4 个行业的氨氮排放量共 11.9 万 t，占重点调查统计企业排放总量的 56.3%。

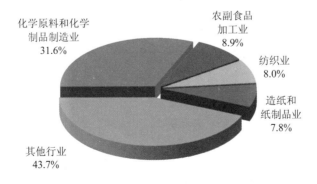

图 2-6　2014 年重点行业氨氮排放情况

2.2 废气

2.2.1 全国废气中主要污染物排放情况

2.2.1.1 二氧化硫排放情况

2014 年，全国工业废气排放量 694 190 亿 m³，比上年增加 3.7%。

全国二氧化硫排放量 1 974.4 万 t，比上年减少 3.4%。其中，工业二氧化硫排放量 1 740.4 万 t，比上年减少 5.2%，占全国二氧化硫排放总量的 88.1%；生活二氧化硫排放量 233.9 万 t，比上年增加 12.2%，占全国二氧化硫排放总量的 11.8%；集中式污染治理设施二氧化硫排放量 0.2 万 t。

表 2-4　全国废气中主要污染物排放量年际对比　　　　　　　　　　单位：万 t

年份	二氧化硫排放量				氮氧化物排放量					烟（粉）尘排放量				
	合计	工业	生活	集中式	合计	工业	生活	机动车	集中式	合计	工业	生活	机动车	集中式
2013	2 043.9	1 835.2	208.5	0.2	2 227.3	1 545.6	40.7	640.6	0.4	1 278.1	1 094.6	123.9	59.4	0.2
2014	1 974.4	1 740.4	233.9	0.2	2 078.0	1 404.8	45.1	627.8	0.3	1 740.8	1 456.1	227.1	57.4	0.2
变化率/%	−3.4	−5.2	12.2	—	−6.7	−9.1	10.8	−2.0	—	36.2	33.0	83.3	−3.4	—

注：① 自 2011 年起机动车从原来的生活源中分出进行单独统计；

　　② 自 2011 年起不再单独统计烟尘和粉尘，统一以烟（粉）尘进行统计；

　　③ 机动车的烟（粉）尘排放量指机动车的颗粒物排放量；

　　④ 此处集中式污染治理设施包括生活垃圾处理厂（场）和危险废物（医疗废物）集中处理（置）厂焚烧废气中排放的污染物。

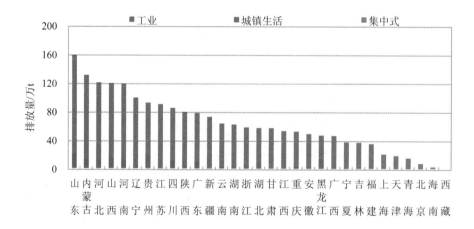

图 2-7　2014 年各地区二氧化硫排放情况

2.2.1.2　氮氧化物排放情况

2014 年，全国氮氧化物排放量 2 078.0 万 t，比上年减少 6.7%。其中，工业氮氧化物排放量 1 404.8 万 t，比上年减少 9.1%，占全国氮氧化物排放总量的 67.6%；生活氮氧化物排放量 45.1 万 t，比上年增加 10.8%，占全国氮氧化物排放总量的 2.2%；机动车氮氧化物排放量 627.8 万 t，比上年减少 2.0%，占全国氮氧化物排放总量的 30.2%；集中式污染治理设施氮氧化物排放量 0.3 万 t。

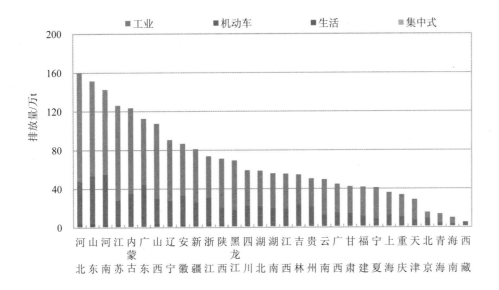

图 2-8　2014 年各地区氮氧化物排放情况

2.2.1.3　烟（粉）尘排放情况

2014 年，全国烟（粉）尘排放量 1 740.8 万 t，比上年增加 36.2%。其中，工业烟（粉）尘排放量 1 456.1 万 t，比上年增加 33.0%，占全国烟（粉）尘排放总量的 83.6%；生活烟（粉）尘排放量 227.1 万 t，比上年增加 83.3%，占全国烟（粉）尘排放总量的 13.0%；机动车烟（粉）尘（颗粒物）排放量 57.4 万 t，比上年减少 3.4%，占全国烟（粉）尘排放总量的 3.3%；集中式污染治理设施烟（粉）尘排放量 0.2 万 t。

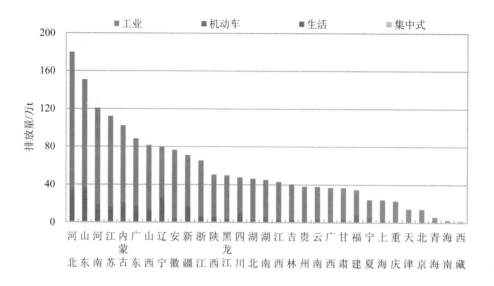

图 2-9　2014 年各地区烟（粉）尘排放情况

2.2.2　环保重点城市废气中主要污染物排放情况

2014 年，全国 113 个环保重点城市二氧化硫排放总量 952.0 万 t，比上年减少 5.5%，占全国二氧化硫排放总量的 48.2%。其中，工业二氧化硫排放量 838.4 万 t，比上年减少 7.3%；生活二氧化硫排放量 113.5 万 t，比上年增加 10.1%，集中式污染治理设施二氧化硫排放量 0.1 万 t。

环保重点城市氮氧化物排放总量 1 045.2 万 t，比上年减少 8.2%，占全国氮氧化物排放总量的 50.3%。其中，工业氮氧化物排放量 709.8 万 t，比上年减少 10.9%；生活氮氧化物排放量 24.4 万 t，比上年增加 11.0%；机动车氮氧化物排放量 310.8 万 t，比上年减少 2.8%；集中式污染治理设施氮氧化物排放量 0.2 万 t。

环保重点城市烟（粉）尘排放总量 833.5 万 t，比上年增加 32.8%，占全国烟（粉）尘排放总量的 47.9%。其中，工业烟（粉）尘排放量 699.5 万 t，比上年增加 39.5%；生活烟（粉）尘排放量 106.6 万 t，比上年增加 87.2%；机动车烟（粉）尘排放量 27.3 万 t，比上年减少 5.6%；集中式污染治理设施烟（粉）尘排放量 0.1 万 t。

2.2.3 重点行业废气中主要污染物排放情况

2.2.3.1 二氧化硫排放情况

2014 年，在调查统计的 41 个工业行业中，二氧化硫排放量位于前 3 位的行业依次为电力、热力生产和供应业，黑色金属冶炼和压延加工业，非金属矿物制品业。3 个行业共排放二氧化硫 1 044.8 万 t，占重点调查统计企业二氧化硫排放总量的 55.9%。

表 2-5 2014 年重点行业废气中主要污染物排放情况　　　　　　单位：万 t

行业	二氧化硫	氮氧化物	烟（粉）尘
电力、热力生产和供应业	621.2	713.4	272.4
黑色金属冶炼和压延加工业	215.0	100.9	427.2
非金属矿物制品业	208.6	291.0	264.5
总计	1 044.8	1 105.3	964.1

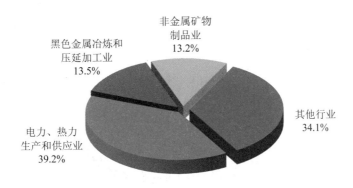

图 2-10 2014 年重点行业二氧化硫排放情况

2.2.3.2 氮氧化物排放情况

2014 年，在调查统计的 41 个工业行业中，氮氧化物排放量位于前 3 位的行业依次为电力、热力生产和供应业，非金属矿物制品业，黑色金属冶炼和压延加工业，3 个行业共排放氮氧化物 1 105.3 万 t，占重点调查统计企业氮氧化物排放总量的 84.0%。

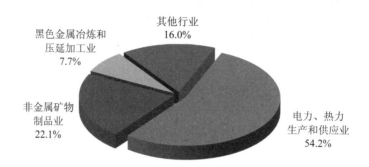

图 2-11　2014 年重点行业氮氧化物排放情况

2.2.3.3　烟（粉）尘排放情况

2014 年，在调查统计的 41 个工业行业中，烟（粉）尘排放量位于前 3 位的行业依次为黑色金属冶炼和压延加工业，电力、热力生产和供应业，非金属矿物制品业，3 个行业共排放烟（粉）尘 964.1 万 t，占重点调查统计企业烟（粉）尘排放总量的 76.0%。

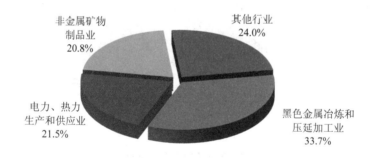

图 2-12　2014 年重点行业烟（粉）尘排放情况

2.3　工业固体废物及危险废物

2.3.1　全国一般工业固体废物产生及处理情况

2014 年，全国一般工业固体废物产生量 325 620.0 万 t，比上年减少 0.6%；综合利用量 204 330.2 万 t，比上年减少 0.8%；贮存量 45 033.2 万 t，比上年增加 5.6%；处置量 80 387.5

万t，比上年减少3.1%；倾倒丢弃量59.4万t。全国一般工业固体废物综合利用率达到62.1%。

表2-0 全国一般工业固体废物、危险废物产生及处理情况年际对比 　　　　　单位：万t

年份	一般工业固体废物					危险废物				
	产生量	综合利用量	贮存量	处置量	倾倒丢弃量	产生量	综合利用量	贮存量	处置量	倾倒丢弃量
2013	327 701.9	205 916.3	42 634.2	82 969.5	129.3	3 156.9	1 700.1	810.9	701.2	0.0
2014	325 620.0	204 330.2	45 033.2	80 387.5	59.4	3 633.5	2 061.8	690.6	929.0	0.0
变化率/%	-0.6	-0.8	5.6	-3.1	—	15.1	21.3	-14.8	32.5	—

注：① "综合利用量"包括综合利用往年贮存量，"处置量"包括处置往年贮存量；
② 工业固体废物综合利用率=工业固体废物综合利用量/（工业固体废物产生量+综合利用往年贮存量）；
③ 危险废物处理率=（危险废物处置量+危险废物综合利用量）/（危险废物产生量+处置往年贮存量+综合利用往年贮存量）。

2.3.2　全国工业危险废物产生及处理情况

2014年，全国工业危险废物产生量3 633.5万t，比上年增加15.1%；综合利用量2 061.8万t，比上年增加21.3%；贮存量690.6万t，比上年减少14.8%；处置量929.0万t，比上年增加32.5%；倾倒丢弃量0 t。全国工业危险废物处理率达到81.2%。

2.4　集中式污染治理设施

2.4.1　城镇生活污水集中处理情况

2014年，全国共调查统计6 031座污水处理厂，比上年增加了667座；设计处理能力为17 728.4万t/d，比上年增加1 154.7万t/d。全年共处理废水494.3亿t，其中，生活污水433.2亿t，占总处理水量的87.6%。共去除化学需氧量1 190.9万t、氨氮110.7万t，处置污泥2 799.7万t。城镇生活污水处理率达到84.9%。

2.4.2　生活垃圾处理厂（场）情况

2014年，全国共调查统计生活垃圾处理厂（场）2 277座，比上年增加142座；填埋设计容量达360 034.6万m³，堆肥设计处理能力达到15 903.3 t/d，焚烧设计处理能力达到180 283.1 t/d，运行费用为119.8亿元。全年共处理生活垃圾24 203.1万t，其中采用填埋方式处置的生活垃圾共18 223.1万t，采用堆肥方式处置的共305.0万t，采用焚烧方式处置的共5 638.2万t。

2.4.3 危险废物（医疗废物）集中处理（置）厂（场）情况

2014 年，全国共调查统计 859 座危险废物集中处理（置）厂（场），比上年增加 92 座；240 座医疗废物集中处理（置）厂（场），比上年减少 3 座。危险废物设计处置能力达到 104 798.3 t/d。全年共处置危险废物 470.0 万 t，其中工业危险废物 350.0 万 t，医疗废物 65.8 万 t。采用填埋方式处置的危险废物共 97.3 万 t，采用焚烧方式处置的共 161.0 万 t。

第三篇

环境质量

3.1 城市环境空气质量

3.1.1 新标准第一阶段监测实施城市

3.1.1.1 总体状况

2014 年，74 个新标准第一阶段监测实施城市（以下简称 74 个城市）中，海口、拉萨、舟山、深圳、珠海、福州、惠州和昆明 8 个城市空气质量达标，占 10.8%；66 个城市超标，占 89.2%。

专栏 3-1

新标准第一阶段监测实施城市环境空气质量评价依据《环境空气质量标准》(GB 3095 —2012)。评价指标为 SO_2、NO_2、PM_{10}、$PM_{2.5}$、CO 和 O_3。六项污染物全部达标即为城市环境空气质量达标。

SO_2、NO_2、PM_{10} 和 $PM_{2.5}$ 年度达标情况由该项污染物年平均质量浓度对照 GB 3095 —2012 中年平均标准确定；CO 年度达标情况由 CO 日均值第 95 百分位数对照 GB 3095—2012 中 24 h 平均标准确定；O_3 年度达标情况由 O_3 日最大 8 h 平均第 90 百分位数对照 GB 3095—2012 中 8 h 平均标准确定。达到或好于国家环境空气质量二级标准为达标，超过二级标准为超标。

《环境空气质量标准》（GB 3095—2012）部分污染物质量浓度限值

污染物名称	取值时间	质量浓度限值		质量浓度限值单位
		一级标准	二级标准	
二氧化硫（SO_2）	年平均	20	60	$\mu g/m^3$
二氧化氮（NO_2）	年平均	40	40	$\mu g/m^3$
可吸入颗粒物（PM_{10}）	年平均	40	70	$\mu g/m^3$
细颗粒物（$PM_{2.5}$）	年平均	15	35	$\mu g/m^3$
一氧化碳（CO）	24 h 平均	4.0	4.0	mg/m^3
臭氧（O_3）	8 h 平均	100	160	$\mu g/m^3$

3.1.1.2 空气质量指数

3.1.1.2.1 达标天数

2014 年，74 个城市达标天数比例为 21.9%～98.3%，平均为 66.0%。平均超标天数比例为 34.0%，其中轻度污染占 21.7%、中度污染占 6.7%、重度污染占 4.4%、严重污染占 1.2%。19 个城市的达标天数比例在 80%～100% 之间，41 个城市达标天数比例在 50%～80% 之间，14 个城市达标天数比例不足 50%。与上年相比，74 个城市平均达标天数比例上升 5.5 个百分点，重度及以上污染天数比例下降 3.0 个百分点。

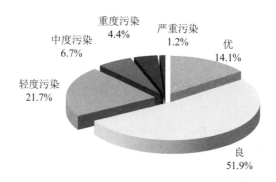

图 3-1　2014 年 74 个城市空气质量指数级别比例

3.1.1.2.2 首要污染物

2014 年，74 个城市以 $PM_{2.5}$、O_3 和 PM_{10} 为首要污染物的污染天数较多，分别占超标天数的 70.1%、16.6% 和 12.0%；以 NO_2 和 SO_2 为首要污染物的污染天数分别占 1.0% 和 0.3%；以 CO 为首要污染物的污染天数极少，占比不到 0.1%。

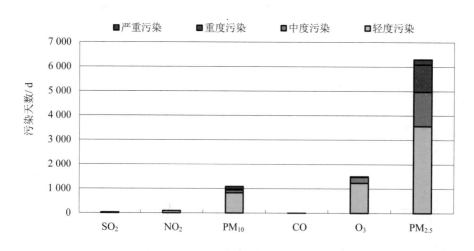

图 3-2　2014 年 74 个城市超标天数中首要污染物的出现天数

表 3-1　2014 年 74 个城市超标情况

污染等级	首要污染物	累计污染天数/d	累计出现城市数/个
轻度污染	SO_2	31	6
	NO_2	94	25
	PM_{10}	826	55
	CO	3	1
	O_3	1 228	66
	$PM_{2.5}$	3 565	74
中度污染	SO_2	0	0
	NO_2	0	0
	PM_{10}	116	34
	CO	0	0
	O_3	245	49
	$PM_{2.5}$	1 409	69
重度污染	SO_2	0	0
	NO_2	0	0
	PM_{10}	35	20
	CO	0	0
	O_3	25	14
	$PM_{2.5}$	1 117	61
严重污染	SO_2	0	0
	NO_2	0	0
	PM_{10}	108	18
	CO	0	0
	O_3	0	0
	$PM_{2.5}$	209	35

3.1.1.2.3　月际分布

2014 年，受局地排放和气候因素影响，74 个城市 1—3 月、10—12 月污染天数最多，占全部污染天数的 62.0%；7—9 月污染天数最少，占 15.3%。

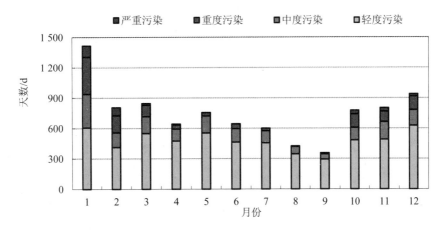

图 3-3　2014 年 74 个城市各级别污染天数月际变化

3.1.1.3 主要污染物

2014 年，74 个城市 SO_2 年均质量浓度为 6～82 $\mu g/m^3$，平均为 32 $\mu g/m^3$，比上年下降 20.0%。其中，66 个城市的 SO_2 年均质量浓度达标，占 89.2%，比上年上升 2.7 个百分点。74 个城市 SO_2 日均质量浓度的达标率为 81.9%～100.0%，平均为 98.4%，比上年上升 1.4 个百分点。

专栏 3-2

空气质量指数（AQI）评价依据《环境空气质量标准》（GB 3095—2012）。评价指标为 SO_2、NO_2、PM_{10}、CO、O_3 和 $PM_{2.5}$。

AQI 标准对应的污染物质量浓度限值

AQI 指数	污染物质量浓度					
	SO_2 日均值/ ($\mu g/m^3$)	NO_2 日均值/ ($\mu g/m^3$)	PM_{10} 日均值/ ($\mu g/m^3$)	CO 日均值/ (mg/m^3)	O_3 日最大 8 小时平均值/ ($\mu g/m^3$)	$PM_{2.5}$ 日均值/ ($\mu g/m^3$)
50	50	40	50	2	100	35
100	150	80	150	4	160	75
150	475	180	250	14	215	115
200	800	280	350	24	265	150
300	1 600	565	420	36	800	250
400	2 100	750	500	48	—	350
500	2 620	940	600	60	—	500

注：O_3 日最大 8 h 平均值大于 800 $\mu g/m^3$ 时，AQI 仍按 300 计算。

AQI 标准及相应的空气质量类别

AQI 指数	空气质量状况	表征颜色	对健康的影响
0～50	优	绿	各类人群可正常活动
51～100	良	黄	极少数异常敏感人群应减少户外活动
101～150	轻度污染	橙	易感人群症状有轻度加剧，健康人群出现刺激症状
151～200	中度污染	红	进一步加剧易感人群症状，可能对健康人群心脏、呼吸系统有影响
201～300	重度污染	紫	心脏病和肺病患者症状显著加剧，运动耐受力降低，健康人群普遍出现症状
>300	严重污染	褐红	健康人群运动耐受力降低，有明显强烈症状，提前出现某些疾病

NO_2 年均质量浓度为 16~61 μg/m³，平均为 42 μg/m³，比上年下降 4.5%。其中，36 个城市的 NO_2 年均质量浓度达标，占 48.6%，比上年上升 9.4 个百分点。74 个城市 NO_2 日均质量浓度的达标率为 78.3%~100.0%，平均为 95.3%，比上年上升 2.4 个百分点。

PM_{10} 年均质量浓度为 42~233 μg/m³，平均为 105 μg/m³，比上年下降 11.0%。其中，16 个城市的 PM_{10} 年均质量浓度达标，占 21.6%，比上年上升 6.7 个百分点。74 个城市 PM_{10} 日均质量浓度的达标率为 30.9%~100.0%，平均为 81.3%，比上年上升 5.2 个百分点。

$PM_{2.5}$ 年均质量浓度为 23~130 μg/m³，平均为 64 μg/m³，比上年下降 11.1%。其中，9 个城市的 $PM_{2.5}$ 年均质量浓度达标，占 12.2%，比上年上升 8.1 个百分点。74 个城市 $PM_{2.5}$ 日均质量浓度的达标率为 32.1%~99.7%，平均为 73.0%，比上年上升 6.2 个百分点。

O_3 日最大 8 h 平均值第 90 百分位数为 69~200 μg/m³，平均为 145 μg/m³，比上年上升 4.3%。其中，50 个城市 O_3 日最大 8 h 平均值第 90 百分位数达标，占 67.6%，比上年下降 9.4 个百分点。74 个城市 O_3 日最大 8 h 平均质量浓度的达标率为 77.1%~100.0%，平均为 92.7%，比上年下降 1.4 个百分点。

CO 日均值第 95 百分位数为 0.9~5.4 mg/m³，平均为 2.1 mg/m³，比上年下降 16.0%。其中，71 个城市 CO 日均值第 95 百分位数达标，占 95.9%，比上年上升 10.8 个百分点。74 个城市 CO 日均质量浓度的达标率为 88.4%~100.0%，平均为 99.3%，比上年上升 1.1 个百分点。

3.1.2 新标准第一、二阶段监测实施城市

3.1.2.1 总体状况

2014 年，161 个新标准第一、二阶段监测实施城市（以下简称 161 个城市）中，有 16 个城市环境空气质量达标，占 9.9%；145 个城市超标，占 90.1%。

3.1.2.2 空气质量指数

3.1.2.2.1 达标天数

2014 年，161 个城市达标天数比例为 21.9%~98.3%，平均为 66.6%。平均超标天数比例为 33.4%，其中轻度污染占 21.6%、中度污染占 6.4%、重度污染占 4.3%、严重污染占 1.1%。42 个城市的达标天数比例在 80%~100% 之间，87 个城市达标天数比例在 50%~80% 之间，32 个城市达标天数比例不足 50%。

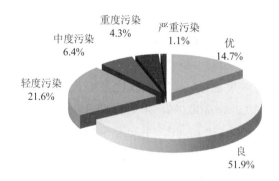

图 3-4　2014 年 161 个城市空气质量指数级别比例

3.1.2.2.2　首要污染物

161 个城市以 $PM_{2.5}$、O_3 和 PM_{10} 为首要污染物的污染天数较多，分别占超标天数的 70.7%、14.3% 和 13.7%。以 NO_2、SO_2 和 CO 为首要污染物的污染天数分别占 0.6%、0.6% 和 0.1%。

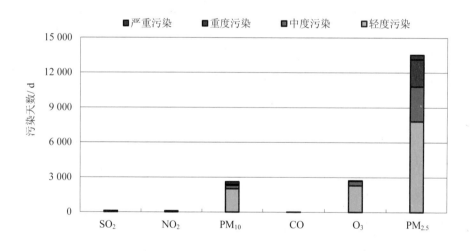

图 3-5　2014 年 161 个城市超标天数中首要污染物的出现天数

表 3-2　2014 年 161 个城市超标情况

污染等级	首要污染物	累计污染天数/d	累计出现城市数/个
轻度污染	SO_2	113	25
	NO_2	107	33
	PM_{10}	2 011	125
	CO	22	7
	O_3	2 296	137
	$PM_{2.5}$	7 816	160

污染等级	首要污染物	累计污染天数/d	累计出现城市数/个
中度污染	SO$_2$	0	0
	NO$_2$	0	0
	PM$_{10}$	293	68
	CO	0	0
	O$_3$	389	79
	PM$_{2.5}$	2 993	150
重度污染	SO$_2$	0	0
	NO$_2$	0	0
	PM$_{10}$	98	45
	CO	0	0
	O$_3$	46	22
	PM$_{2.5}$	2 342	132
严重污染	SO$_2$	0	0
	NO$_2$	0	0
	PM$_{10}$	214	39
	CO	0	0
	O$_3$	0	0
	PM$_{2.5}$	391	82

3.1.2.2.3 月际分布

2014 年,受局地排放和气候因素影响,161 个城市 1—3 月、10—12 月污染天数最多,占全部污染天数的 63.8%;7—9 月污染天数最少,占全部污染天数的 13.7%。

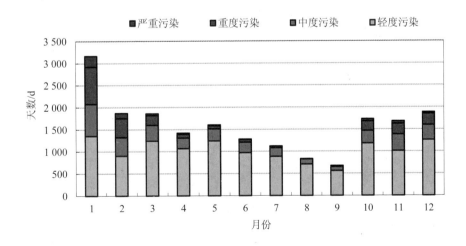

图 3-6 2014 年 161 个城市各级别污染天数月际变化

3.1.2.3 主要污染物

2014 年，161 个城市 SO_2 年均质量浓度为 2～123 μg/m³，平均为 35 μg/m³。其中，142 个城市的 SO_2 年均质量浓度达标，占 88.2%。161 个城市 SO_2 日均质量浓度的达标率为 74.4%～100.0%，平均为 98.3%。

NO_2 年均质量浓度为 14～67 μg/m³，平均为 38 μg/m³。其中，101 个城市的 NO_2 年均质量浓度达标，占 62.7%。161 个城市 NO_2 日均质量浓度的达标率为 78.3%～100.0%，平均为 96.8%。

PM_{10} 年均质量浓度为 35～233 μg/m³，平均为 105 μg/m³。其中，35 个城市的 PM_{10} 年均质量浓度达标，占 21.7%。161 个城市 PM_{10} 日均质量浓度的达标率为 30.9%～100.0%，平均为 81.0%。

$PM_{2.5}$ 年均质量浓度为 19～130 μg/m³，平均为 62 μg/m³。其中，18 个城市的 $PM_{2.5}$ 年均质量浓度达标，占 11.2%。161 个城市 $PM_{2.5}$ 日均质量浓度的达标率为 32.1%～99.7%，平均为 73.4%。

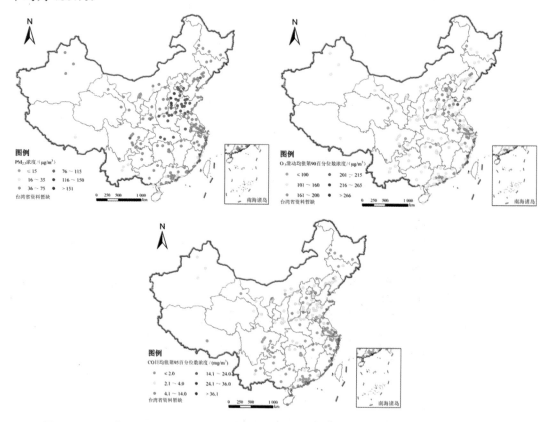

图 3-7 2014 年 161 个城市 $PM_{2.5}$ 年均质量浓度、O_3 日最大 8 h 平均值第 90 百分位数和 CO 日均值第 95 百分位数分布示意

O_3 日最大 8 h 平均值第 90 百分位数为 69～210 μg/m³，平均为 140 μg/m³。其中，126 个城市的 O_3 日最大 8 h 平均值第 90 百分位数达标，占 78.3%。161 个城市 O_3 日最大 8 h 平均质量浓度的达标率为 68.7%～100%，平均为 93.9%。

CO 日均值第 95 百分位数为 0.9～5.4 mg/m³，平均为 2.2 mg/m³。其中，156 个城市的 CO 日均值第 95 百分位数达标，占 96.9%。161 个城市 CO 日均值的达标率为 88.4%～100%，平均为 99.3%。

3.1.2.4 典型重污染天气过程分析

2014 年 2 月和 10 月，我国各发生一次持续时间较长、污染较重的大面积重污染天气过程。两次过程均呈污染范围广、持续时间长、污染程度重、污染物浓度累积迅速等特点，且污染过程中首要污染物均以 $PM_{2.5}$ 为主。

3.1.2.4.1 2014 年 2 月重污染天气过程

2014 年 2 月 20 日—26 日，我国京津冀及周边地区、东北地区、陕西关中等地区发生大面积重污染天气过程。161 个新标准第一、二阶段监测实施城市的监测结果表明，期间共有 79 个城市发生 260 天次重度及以上污染。污染较重区域主要集中在京津冀地区，地区内 13 个城市共发生 40 天次重度污染、45 天次严重污染。此次污染过程 $PM_{2.5}$ 最大日均质量浓度为 493 μg/m³，PM_{10} 最大日均质量浓度为 714 μg/m³。与 2013 年 1 月发生的大面积重污染天气过程相比，此次污染过程污染程度有所下降，污染过程期间，多个城市的峰值质量浓度均小于上年。

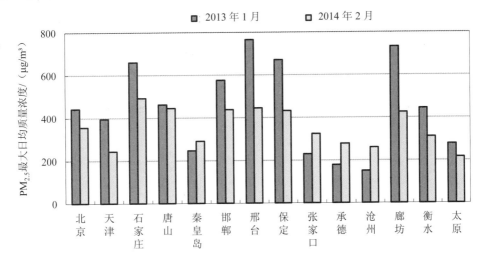

图 3-8 京津冀地区及周边城市 2014 年 2 月与 2013 年 1 月重污染天气过程
$PM_{2.5}$ 最大日均质量浓度比较

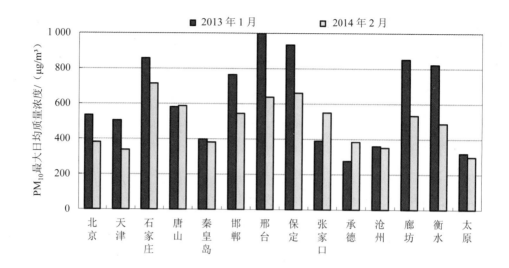

图 3-9 京津冀地区及周边城市 2014 年 2 月与 2013 年 1 月重污染天气过程
PM$_{10}$ 最大日均质量浓度比较

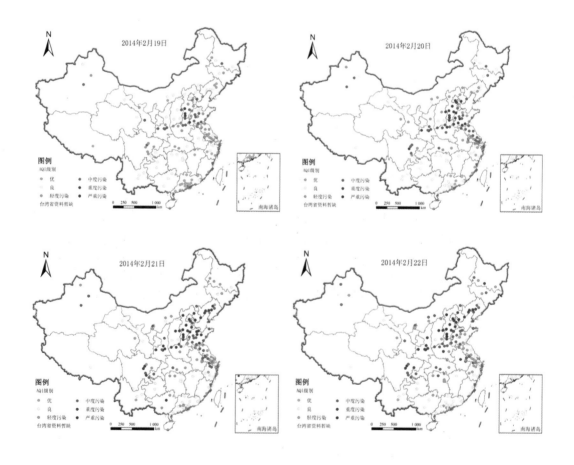

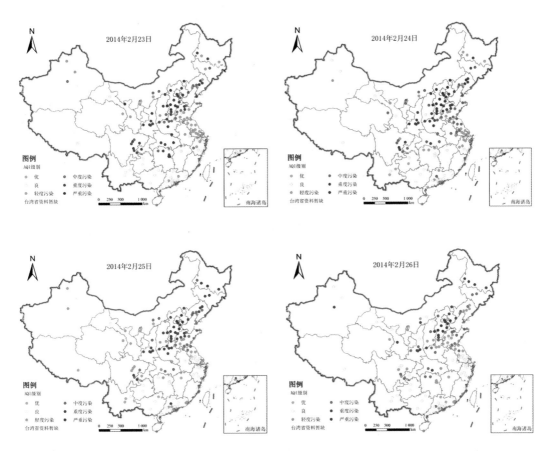

图 3-10 2014 年 2 月 19 日—26 日 161 个城市环境空气质量级别逐日分布示意

3.1.2.4.2 2014 年 10 月重污染天气过程

2014 年 10 月，我国再次发生大范围持续性重污染天气过程，7 日—11 日、17 日—20 日、22 日—25 日和 29 日—31 日共发生四次间隔时间较短、污染较重的重污染天气过程。京津冀及周边地区仍是污染最严重的地区。161 个城市的监测结果表明，10 月共有 64 个城市发生 264 天次重度及以上污染。其中京津冀地区 13 个城市共发生 91 天次重度污染、27 天次严重污染。此次污染过程 $PM_{2.5}$ 最大日均质量浓度为 631 μg/m³，PM_{10} 最大日均质量浓度为 788 μg/m³。

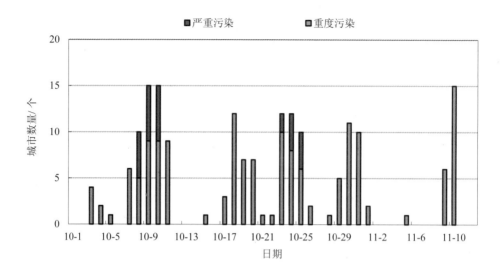

图 3-11 2014 年 10—11 月中旬京津冀及周边地区重度及以上污染城市数量逐日变化

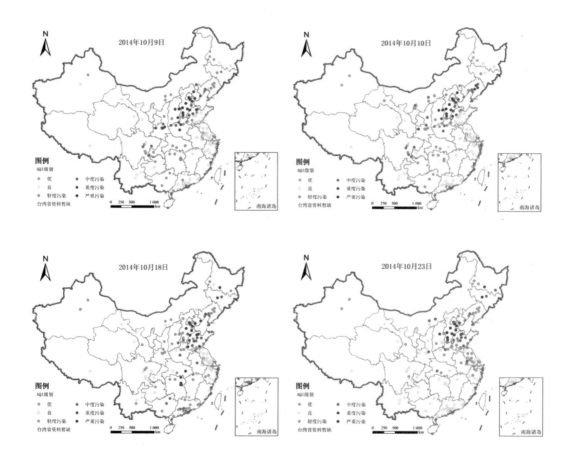

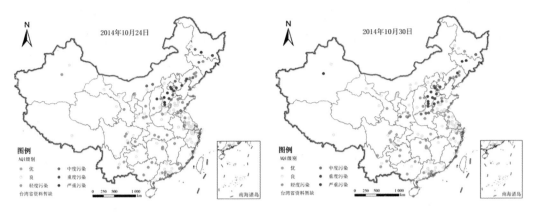

图 3-12 2014 年 10 月部分日期全国城市空气质量级别分布示意

3.1.3 重点区域

3.1.3.1 总体状况

2014 年，根据《环境空气质量标准》（GB 3095—2012）对 SO_2、NO_2、CO、O_3、PM_{10} 和 $PM_{2.5}$ 六项污染物进行评价，京津冀地区所有地级及以上城市环境空气质量均未达标，长三角地区仅舟山环境空气质量达标，珠三角地区深圳和惠州环境空气质量达标。

表 3-3 2014 年重点区域各项污染物达标城市数量　　　　　　　　单位：个

区域	城市总数量	SO_2	NO_2	PM_{10}	CO	O_3	$PM_{2.5}$	综合达标
京津冀	13	5	4	0	12	7	0	0
长三角	25	25	12	3	25	15	1	1
珠三角	9	9	4	8	9	5	2	2

京津冀、长三角和珠三角地区优良天数比例分别为 42.8%、69.5% 和 81.6%，重度及以上污染天数比例分别为 17.0%、2.9% 和 0.4%。与上年相比，京津冀、长三角和珠三角地区优良天数比例均上升 5.3 个百分点。

表 3-4 2014 年重点区域各级别天数比例　　　　　　　　单位：%

区域	优	良	轻度污染	中度污染	重度污染	严重污染
京津冀	5.6	37.2	27.6	12.6	12.2	4.8
长三角	12.4	57.1	22.0	5.6	2.7	0.2
珠三角	31.1	50.5	15.2	2.8	0.4	0.0

京津冀地区以 $PM_{2.5}$、PM_{10} 和 O_3 为首要污染物的天数分别占超标天数的 70.6%、16.2% 和 13.0%，长三角地区以 $PM_{2.5}$、O_3 和 PM_{10} 为首要污染物的天数分别占超标天数的 72.2%、22.3% 和 3.7%，珠三角地区以 O_3、$PM_{2.5}$ 和 NO_2 为首要污染物的天数分别占超标天数的 49.2%、47.6% 和 3.2%。

表 3-5　2014 年重点区域超标天数中不同首要污染物占比　　　　　　　　　单位：%

区域	SO_2	NO_2	PM_{10}	CO	O_3	$PM_{2.5}$
京津冀	0.1	0.1	16.2	0.0	13.0	70.6
长三角	0.0	1.8	3.7	0.0	22.3	72.2
珠三角	0.0	3.2	0.0	0.0	49.2	47.6

京津冀地区 1 月达标天数比例最低，为 25.4%；9 月达标天数比例最高，为 65.7%。长三角地区 1 月达标天数比例最低，为 41.4%；9 月达标天数比例最高，为 90.0%。珠三角地区 1 月达标天数比例最低，为 52.4%；5 月达标天数比例最高，为 96.2%。

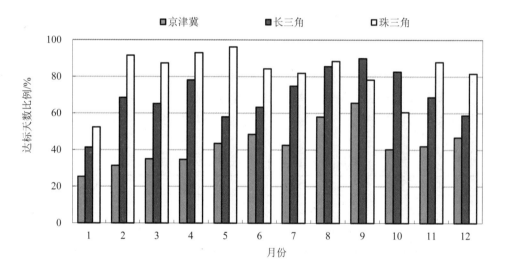

图 3-13　2014 年重点区域达标天数比例月际变化

3.1.3.2　京津冀地区

2014 年，京津冀地区 13 个城市的 $PM_{2.5}$ 平均质量浓度为 93 μg/m³，比上年下降 12.3%；PM_{10} 平均质量浓度为 158 μg/m³，比上年下降 12.7%；SO_2 平均质量浓度为 52 μg/m³，比上年下降 24.6%；NO_2 平均质量浓度为 49 μg/m³，比上年下降 3.9%；CO 日均值第 95 百分位数质量浓度为 3.5 mg/m³，比上年下降 14.6%；O_3 日最大 8 h 均值第 90 百分位数质量浓度为 162 μg/m³，比上年上升 4.5%。

3.1.3.3 长三角地区

2014 年,长三角地区 25 个城市的 $PM_{2.5}$ 平均质量浓度为 60 μg/m³,比上年下降 10.4%;PM_{10} 平均质量浓度为 92 μg/m³,比上年下降 10.7%;SO_2 平均质量浓度为 25 μg/m³,比上年下降 16.7%;NO_2 平均质量浓度为 39 μg/m³,比上年下降 7.1%;CO 日均值第 95 百分位数质量浓度为 1.5 mg/m³,比上年下降 21.1%;O_3 日最大 8 h 均值第 90 百分位数质量浓度为 154 μg/m³,比上年上升 6.9%。

3.1.3.4 珠三角地区

2014 年,珠三角地区 9 个城市的 $PM_{2.5}$ 平均质量浓度为 42 μg/m³,比上年下降 10.6%;PM_{10} 平均质量浓度为 61 μg/m³,比上年下降 12.9%;SO_2 平均质量浓度为 18 μg/m³,比上年下降 14.3%;NO_2 平均质量浓度为 37 μg/m³,比上年下降 9.8%;CO 日均值第 95 百分位数质量浓度为 1.5 mg/m³,比上年下降 6.3%;O_3 日最大 8 h 均值第 90 百分位数质量浓度为 156 μg/m³,比上年上升 0.6%。

3.1.4 地级及以上城市

3.1.4.1 主要污染物

3.1.4.1.1 二氧化硫

2014 年,328 个地级及以上城市 SO_2 年均质量浓度达标城市比例为 93.0%,比上年上升 2.4 个百分点。

表 3-6 地级及以上城市 SO_2 年均质量浓度级别分布年际比较

不同空气质量级别城市比例/%	2013 年	2014 年
一级	22.1	30.5
二级	68.5	62.5
劣二级	9.4	7.0

2014 年,地级及以上城市 SO_2 平均质量浓度为 0.031 mg/m³,比上年下降 11.4%。

地级及以上城市 SO_2 年均质量浓度为 0.002~0.123 mg/m³。年均质量浓度在 0.020~0.040 mg/m³ 之间的城市最多,占 72.0%。

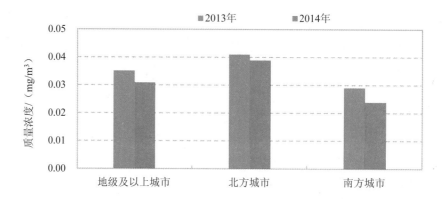

图 3-14　地级及以上城市 SO_2 平均质量浓度年际比较

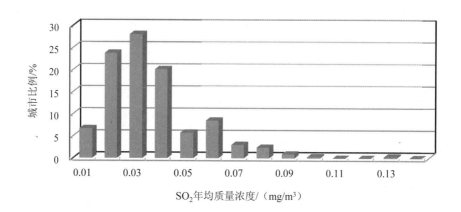

图 3-15　2014 年地级及以上城市 SO_2 年均质量浓度区间分布

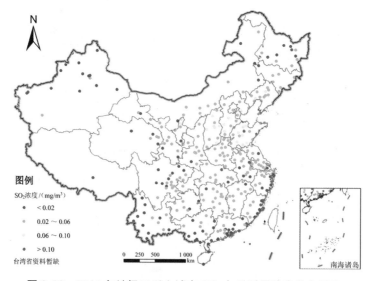

图 3-16　2014 年地级及以上城市 SO_2 年均质量浓度分布示意

3.1.4.1.2 二氧化氮

2014 年，328 个地级及以上城市 NO_2 年均质量浓度达标城市比例为 78.4%，比上年上升 2.6 个百分点。

表 3-7 地级及以上城市 NO_2 年均质量浓度级别分布年际比较

不同空气质量级别城市比例/%	2013 年	2014 年
一/二级	75.8	78.4
劣二级	24.2	21.6

2014 年，地级及以上城市 NO_2 平均质量浓度为 0.032 mg/m³，与上年持平。

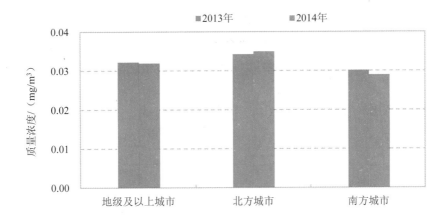

图 3-17 地级及以上城市 NO_2 平均质量浓度年际比较

地级及以上城市 NO_2 年均质量浓度为 0.005~0.067 mg/m³。年均质量浓度在 0.025~0.040 mg/m³ 之间的城市最多，占 61.0%。

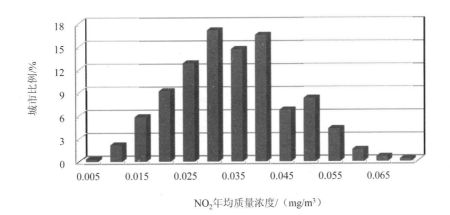

图 3-18 2014 年地级及以上城市 NO_2 年均质量浓度区间分布

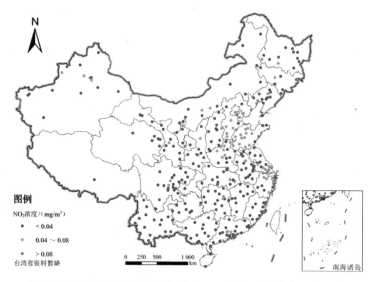

图 3-19　2014 年地级及以上城市 NO_2 年均质量浓度分布示意

3.1.4.1.3　可吸入颗粒物

2014 年，地级及以上城市 PM_{10} 年均质量浓度达标城市比例为 31.7%，比上年上升 0.8 个百分点。

表 3-8　地级及以上城市 PM_{10} 年均质量浓度分级分布年际比较

不同空气质量级别城市比例/%	2013 年	2014 年
一级	2.7	2.1
二级	28.2	29.6
劣二级	69.1	68.3

2014 年，地级及以上城市 PM_{10} 平均质量浓度为 0.095 mg/m^3，比上年下降 2.1%。

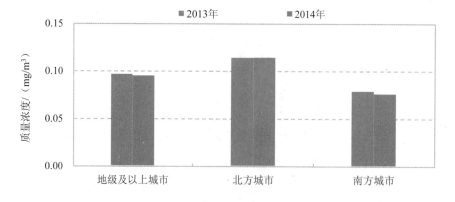

图 3-20　地级及以上城市 PM_{10} 平均质量浓度年际比较

地级及以上城市 PM_{10} 年均质量浓度为 0.024～0.348 mg/m³。年均质量浓度在 0.060～0.140 mg/m³ 之间的城市最多，占 87.2%。

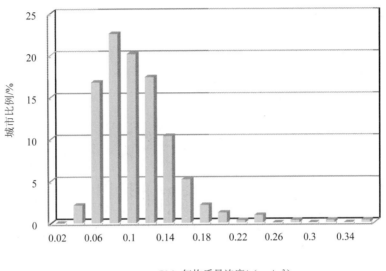

图 3-21 2014 年地级及以上城市 PM_{10} 年均质量浓度区间分布

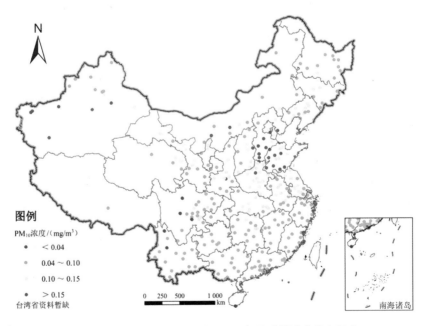

图 3-22 2014 年地级及以上城市 PM_{10} 年均质量浓度分布示意

3.1.4.2 各省份空气质量状况

2014 年，山西 SO_2 年均质量浓度超标；北京、天津、河北、山东和上海 NO_2 年均质量浓度超标；海南、云南、西藏、广东、福建、贵州、黑龙江和广西 PM_{10} 年均质量浓度达标，其他省份均超标。

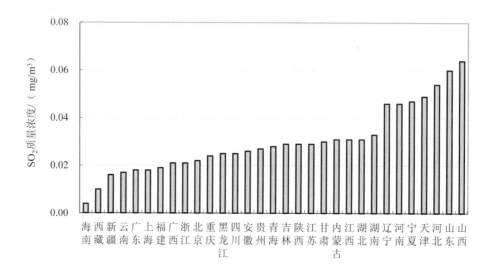

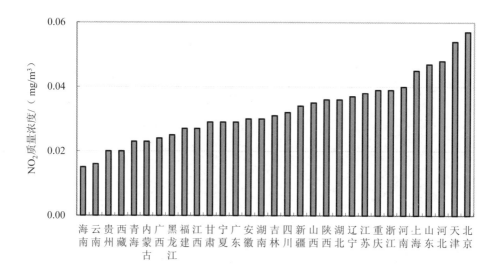

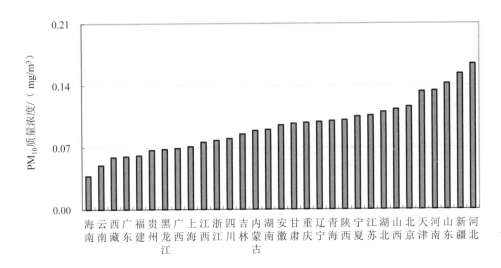

图 3-23 2014 年各省份 SO_2、NO_2 和 PM_{10} 年均质量浓度比较

3.1.5 沙尘天气影响环境空气质量状况

3.1.5.1 总体情况

2014 年，沙尘天气共 7 次、23 天，影响了我国北方城市环境空气质量，受影响地区主要是新疆、内蒙古、青海、甘肃、宁夏、陕西、山西、北京、天津、河北、辽宁、湖北、江苏等省份。沙尘天气发生次数略少于上年，但影响天数略多于上年。首次沙尘天气过程发生在 3 月 11 日—13 日，影响了我国北方地区，比上年首次发生时间略有推迟；典型沙尘天气过程发生在 3 月 16 日—19 日；持续影响时间最长的沙尘天气过程发生在 5 月 22 日—26 日，受影响的环保重点城市达 46 个。

2014 年，受沙尘天气影响，环保重点城市环境空气质量累计超标 270 天次，其中重污染累计天数为 70 天次。

表 3-9 2014 年全国沙尘发生情况

序号	发生时段	影响城市	重污染城市	PM_{10} 最高日均质量浓度/（$\mu g/m^3$）
第 1 次	3 月 11 日—13 日	包头、赤峰、西宁、银川、石嘴山、延安、德阳、南充、西安、铜川、咸阳、渭南、成都、绵阳、宜宾、巴音郭楞	巴音郭楞	13 日：巴音郭楞（876）

序号	发生时段	影响城市	重污染城市	PM$_{10}$最高日均质量浓度/（μg/m³）
第2次	3月16日—19日	赤峰、鄂尔多斯、西安、邢台、承德、太原、阳泉、包头、赤峰、渭南、兰州、嘉峪关、金昌、西宁、银川、石嘴山、巴音郭楞、北京、天津、石家庄、秦皇岛、邯郸、保定、廊坊、衡水、张家口、大同、长治、临汾、沈阳、抚顺、锦州、铜川、宝鸡、咸阳、延安、唐山、沧州	邢台、保定、衡水、阳泉、包头、赤峰、鄂尔多斯、铜川、延安、石嘴山、巴音郭楞	16日：邢台（432）、巴音郭楞（387） 17日：石家庄（509）、秦皇岛（392）、邯郸（396）、邢台（614）、保定（404）、衡水（440）、阳泉（403）、包头（452）、赤峰（530）、鄂尔多斯（457）、铜川（355）、延安（469）、石嘴山（649）、巴音郭楞（374） 18日：石家庄（406）、邢台（502）、西安（357）、铜川（384）、嘉峪关（352） 19日：巴音郭楞（351）、嘉峪关（597）
第3次	4月8日—10日	承德、衡水、太原、阳泉、包头、赤峰、长春、西安、延安、兰州、乌鲁木齐、巴音郭楞、保定、承德、廊坊、张家口、沈阳、抚顺、锦州、葫芦岛、嘉峪关、北京、天津、石家庄、唐山、秦皇岛、邯郸、邢台、沧州、呼和浩特	赤峰、保定、北京	9日：赤峰（416） 10日：北京（384）、保定（392）
第4次	4月23日—25日	呼和浩特、包头、兰州、嘉峪关、克拉玛依、巴音郭楞、鄂尔多斯、宝鸡、延安、金昌、西宁、银川、大同、赤峰、西安、咸阳、石嘴山、乌鲁木齐	嘉峪关、克拉玛依、呼和浩特、包头、金昌、西宁、银川、大同、兰州、石嘴山、巴音郭楞	23日：嘉峪关（1 162）、克拉玛依（394）、巴音郭楞（1 540） 24日：呼和浩特（520）、包头（830）、兰州（1 022）、嘉峪关（2 659）、金昌（1 848）、西宁（574）、银川（922）、巴音郭楞（2 452） 25日：大同（398）、兰州（406）、嘉峪关（372）、金昌（973）、西宁（413）、石嘴山（372）、巴音郭楞（3 105）
第5次	4月28日—29日	兰州、嘉峪关、金昌、西宁、银川、乌鲁木齐、石嘴山、巴音郭楞	乌鲁木齐、巴音郭楞	28日：乌鲁木齐（482）、巴音郭楞（1 989） 29日：巴音郭楞（1 264）
第6次	4月30日—5月2日	西安、宝鸡、咸阳、渭南、延安、兰州、嘉峪关、金昌、西宁、银川、石嘴山、太原、大同、阳泉、包头、鄂尔多斯、铜川、南京、乌鲁木齐、巴音郭楞	兰州、嘉峪关、金昌、石嘴山、巴音郭楞	30日：兰州（472）、嘉峪关（756）、金昌（876）、石嘴山（353）、巴音郭楞（579） 1日：石嘴山（541）、巴音郭楞（411） 2日：巴音郭楞（750）

序号	发生时段	影响城市	重污染城市	PM$_{10}$最高日均质量浓度/（μg/m^3）
第7次	5月22日—26日	兰州、金昌、西宁、石嘴山、巴音郭楞、西安、铜川、宝鸡、咸阳、渭南、延安、嘉峪关、银川、南京、江阴、宜兴、徐州、常州、苏州、昆山、吴江、海门、连云港、淮安、盐城、扬州、镇江、句容、泰州、宿迁、武汉、荆州	兰州、嘉峪关、金昌、石嘴山、西安、铜川、宝鸡、渭南、巴音郭楞	24日：兰州（395）、嘉峪关（565）、金昌（779）、石嘴山（484） 25日：西安（364）、铜川（375）、宝鸡（363）、渭南（406）、巴音郭楞（361） 26日：巴音郭楞（364）

3.1.5.2 典型沙尘天气影响过程分析

受强冷空气东移影响，从 2014 年 3 月 16 日晚起，我国西北、华北和东北部分地区出现大风降温天气，持续至 3 月 19 日结束。导致新疆、内蒙古、宁夏、甘肃、北京、河北和辽宁等地出现沙尘天气，造成北方部分城市可吸入颗粒物质量浓度显著上升，空气质量明显下降。卫星遥感监测结果显示，此次沙尘天气影响面积约为 71.1 万 km^2。

表 3-10　典型沙尘天气过程对重点城市空气质量影响情况

日期	影响城市	重污染城市	PM$_{10}$最高日均质量浓度/（μg/m^3）
3月16日	邢台、承德、太原、阳泉、包头、赤峰、西安、渭南、兰州、嘉峪关、金昌、西宁、银川、石嘴山、巴音郭楞	邢台、巴音郭楞	邢台（432）、巴音郭楞（387）
3月17日	北京、天津、石家庄、秦皇岛、邯郸、邢台、保定、承德、廊坊、衡水、张家口、太原、大同、阳泉、长治、临汾、包头、赤峰、鄂尔多斯、沈阳、抚顺、锦州、西安、铜川、宝鸡、咸阳、渭南、延安、金昌、西宁、石嘴山、巴音郭楞	石家庄、秦皇岛、邯郸、邢台、保定、衡水、阳泉、包头、赤峰、鄂尔多斯、铜川、延安、石嘴山、巴音郭楞	石家庄（509）、秦皇岛（392）、邯郸（396）、邢台（614）、保定（404）、衡水（440）、阳泉（403）、包头（452）、赤峰（530）、鄂尔多斯（457）、铜川（355）、延安（469）、石嘴山（649）、巴音郭楞（374）
3月18日	天津、石家庄、唐山、秦皇岛、邯郸、邢台、保定、沧州、衡水、长治、临汾、赤峰、西安、铜川、宝鸡、咸阳、渭南、延安、兰州、嘉峪关、金昌、西宁、银川、巴音郭楞	石家庄、邢台、西安、铜川、嘉峪关	石家庄（406）、邢台（502）、西安（357）、铜川（384）、嘉峪关（352）
3月19日	赤峰、鄂尔多斯、西安、铜川、宝鸡、延安、兰州、嘉峪关、西宁、巴音郭楞	嘉峪关、巴音郭楞	嘉峪关（597）、巴音郭楞（351）

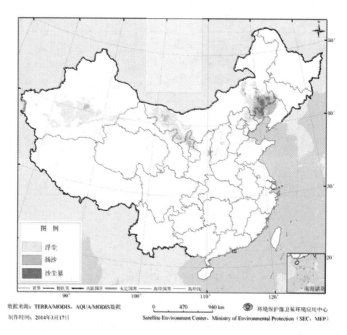

图 3-24　2014 年 3 月 17 日全国受沙尘天气影响区域卫星遥感监测

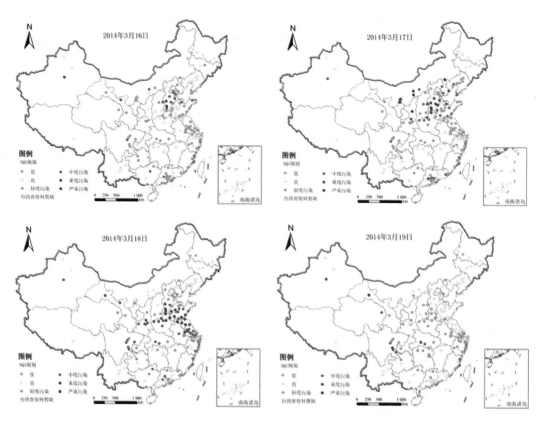

图 3-25　2014 年 3 月 16 日—19 日环保重点城市空气质量分布示意

3.1.6 温室气体试点监测

2014 年，31 个温室气体城市站中，有 24 个城市参与 CO_2 监测结果评价，19 个城市参与 CH_4 监测结果评价；3 个背景站中，山东长岛、青海门源和内蒙古呼伦贝尔均参与 CO_2 和 N_2O 监测结果评价，山东长岛参与 CH_4 监测结果评价。

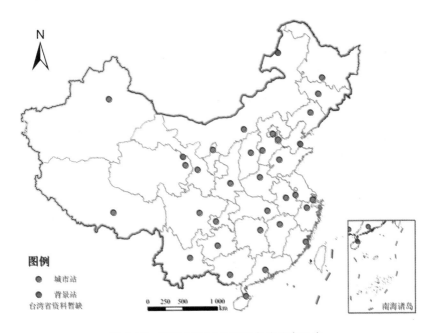

图 3-26　温室气体试点监测点位分布示意

3.1.6.1　城市站

2014 年，全国城市站 CO_2 年均含量（体积分数）平均为 402.0×10^{-6}，比上年下降 0.6%。CO_2 月均含量（体积分数）呈秋冬季高、夏季低的特点，各月均值总体趋势与上年相同。

2014 年，全国城市站 CH_4 年均含量（体积分数）平均为 $2\,302.4\times10^{-9}$，比上年上升 4.2%。CH_4 月均含量（体积分数）总体呈升高趋势，比上年略有上升。

3.1.6.2　背景站

2014 年，山东长岛背景站的 CO_2 年均含量（体积分数）低于 2013 年全球背景值，CH_4、N_2O 年均含量（体积分数）高于 2013 年全球背景值；青海门源的 CO_2、N_2O 年均含量（体积分数）低于 2013 年全球背景值；内蒙古呼伦贝尔的 CO_2、N_2O 年均含量（体积分数）高于 2013 年全球背景值。

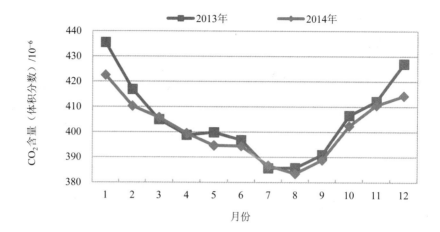

图 3-27 2014 年温室气体城市站 CO_2 含量（体积分数）月际变化

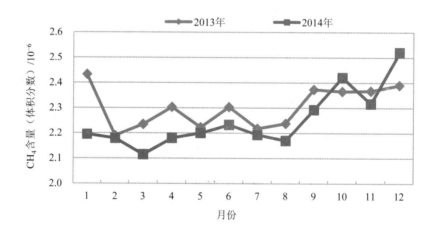

图 3-28 2014 年温室气体城市站 CH_4 含量（体积分数）月际变化

表 3-11 背景站 CO_2、CH_4、N_2O 监测结果

点位名称	经纬度	海拔高度/m	CO_2 含量（体积分数）/10^{-6}	CH_4 含量（体积分数）/10^{-9}	N_2O 含量（体积分数）/10^{-9}
山东长岛	38.2ºN，120.7ºE	153	393.6	1 929.1	331.8
青海门源	37.6ºN，101.3ºE	3295	389.7	—	312.8
内蒙古呼伦贝尔	49.9ºN，119.3ºE	615	405.5	—	331.9
2013 年全球平均值*			396.0	1 824	325.9

注：*来源于世界气象组织（WMO）颁布的《温室气体公报》。

3.1.7 背景站和区域站空气质量监测

3.1.7.1 背景站

2014 年，13 个背景站均有污染物未达到一级标准。O_3 达标站点数量最少，除长白山、衡山 O_3 达到一级标准外，其他 11 个站点均未达到一级标准，其中长岛站超过了二级标准。$PM_{2.5}$ 达标站点为呼伦贝尔、神农架、海螺沟、丽江和阿勒泰，其他 8 个站点均未达到一级标准，其中长岛站和衡山站超过了二级标准。PM_{10} 达标站点为呼伦贝尔、长白山、武夷山、神农架、南岭、五指山、海螺沟、丽江和阿勒泰，庞泉沟站和门源站达到二级标准，长岛站和衡山站超过二级标准。13 个背景站 SO_2、NO_2 和 CO 均达到一级标准。

从背景站达标指标数量来看，呼伦贝尔、长白山、神农架、海螺沟、丽江和阿勒泰分别有 5 项污染物达到一级标准，武夷山、衡山、南岭、五指山有 4 项污染物达到一级标准，庞泉沟、长岛和门源有 3 项污染物达到一级标准。

从污染物质量浓度来看，SO_2 年均质量浓度为 0.5（丽江）～13.5 μg/m³（长岛），平均为 4.1 μg/m³；NO_2 年均质量浓度为 0.9（阿勒泰）～20.8 μg/m³（长岛），平均为 4.9 μg/m³；PM_{10} 年均质量浓度为 8.4（阿勒泰）～85.4 μg/m³（长岛），平均为 27.0 μg/m³；$PM_{2.5}$ 年均质量浓度为 6.2（阿勒泰）～51.3 μg/m³（长岛），平均为 19.7 μg/m³；CO 年均质量浓度为 0.21（呼伦贝尔）～0.54 mg/m³（南岭），平均为 0.34 mg/m³；O_3 日最大 8 h 年均质量浓度为 26.4（长白山）～121.5 μg/m³（长岛），平均为 87.8 μg/m³。

专栏 3-3

依据《环境空气质量标准》（GB 3095—2012）中的一级标准值对大气背景站空气质量进行评价，评价项目包括 SO_2、NO_2、O_3、CO、PM_{10} 和 $PM_{2.5}$。按照《环境空气质量评价技术规范》（试行）（HJ 663—2013）中的相关规定，分别对 SO_2、NO_2、PM_{10} 和 $PM_{2.5}$ 年均值，CO 日均值第 95 百分位数浓度以及 O_3 日最大 8 h 滑动平均值第 90 百分位数质量浓度的达标情况进行评价。

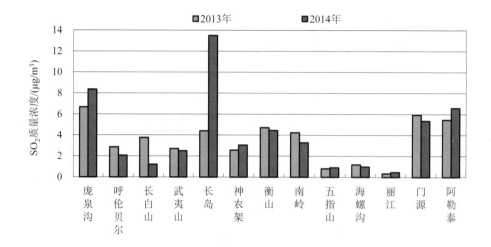

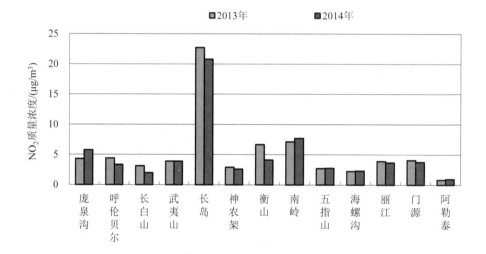

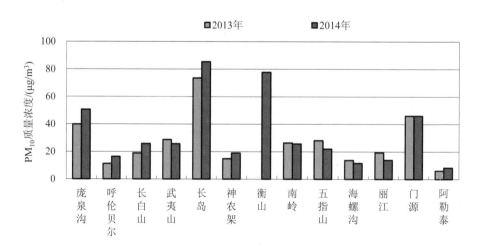

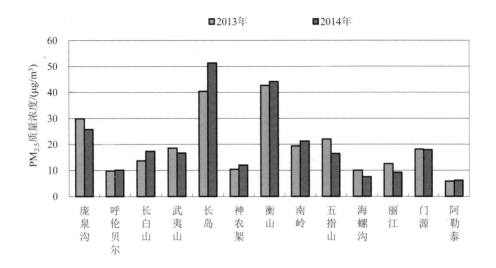

图 3-29　2014 年背景站 SO_2、NO_2、PM_{10} 和 $PM_{2.5}$ 年均质量浓度同比情况

3.1.7.2　区域站

2014 年，全国区域站 SO_2 平均质量浓度为 16 μg/m³，比上年下降 23.8%；NO_2 平均质量浓度为 19 μg/m³，与上年持平；PM_{10} 平均质量浓度为 74 μg/m³，比上年下降 10.8%。

区域站 SO_2、NO_2 和 PM_{10} 平均质量浓度分别比地级及以上城市低 15 μg/m³、13 μg/m³ 和 21 μg/m³。与上年相比，区域站 SO_2 和 PM_{10} 改善幅度大于地级及以上城市。

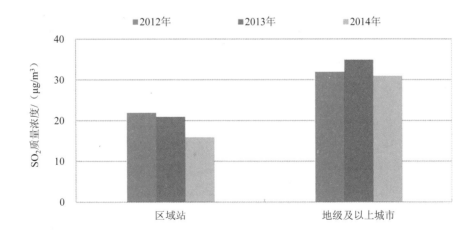

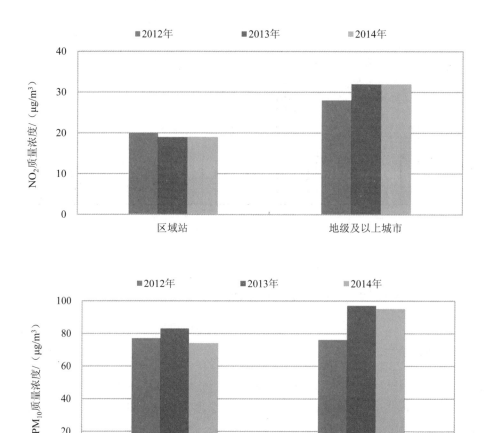

图 3-30 2012—2014 年区域站和地级及以上城市 SO_2、NO_2 和 PM_{10} 平均质量浓度比较

3.1.7.3 污染水平分析

2014 年，背景站 SO_2、NO_2 和 PM_{10} 平均质量浓度分别为 4.1 μg/m³、4.9 μg/m³ 和 27.0 μg/m³，均明显低于区域站、全国城市和 74 个城市。背景站 $PM_{2.5}$ 平均质量浓度为 19.7 μg/m³，CO 平均质量浓度为 0.34 mg/m³，O_3 日最大 8 h 平均值为 87.8 μg/m³，其中 $PM_{2.5}$ 和 CO 均明显低于 74 个城市平均质量浓度，但 O_3 质量浓度略高于 74 个城市平均质量浓度。

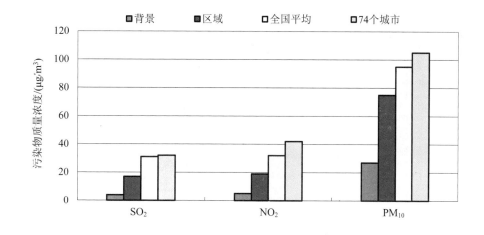

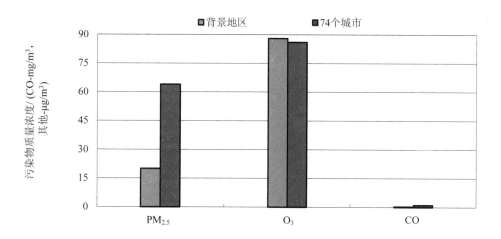

图 3-31　2014 年背景站、区域站、全国城市和 74 个城市
污染物平均质量浓度比较

3.2　降水

3.2.1　降水酸度

2014 年，全国 470 个城市降水 pH 年均值为 5.18。与上年相比，降水酸度总体保持稳定。其中，南方地区 287 个城市降水 pH 年均值为 5.10，北方地区 183 个城市降水 pH 年均值为 6.25。酸雨控制区 181 个城市降水 pH 年均值为 5.03，二氧化硫控制区 64 个城市降水 pH 年均值为 6.34。

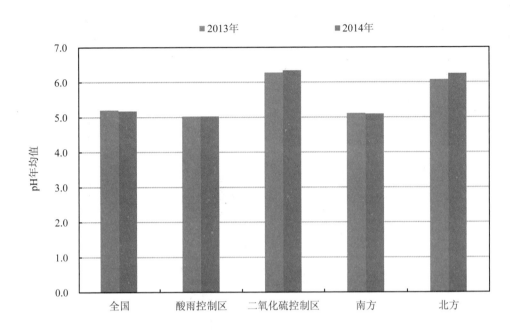

图 3-32 降水 pH 年均值年际比较

专栏 3-4

采用降水 pH 值低于 5.6 作为酸雨的判据，pH 值低于 5.0 为较重酸雨，低于 4.5 为重酸雨。酸雨城市指降水 pH 年均值低于 5.6 的城市，酸雨区指降水 pH 年均值低于 5.6 的区域。

3.2.2 酸雨城市比例

3.2.2.1 全国

2014 年，470 个城市降水 pH 年均值为 4.01（重庆大足县）～8.22（甘肃陇南市）。其中，酸雨城市 140 个，占全部城市数的 29.8%；较重酸雨城市 70 个，占 14.9%；重酸雨城市 9 个，占 1.9%。与上年相比，酸雨、较重酸雨和重酸雨的城市比例均基本持平。

表 3-12　2014 年全国降水 pH 年均值不同区间城市比例分布

范围		pH 年均值				
		≤4.5	4.5～5.0	5.0～5.6	5.6～7.0	>7.0
全国	城市数/个	9	61	70	224	106
	所占比例/%	1.9	13.0	14.9	47.7	22.5
酸雨 控制区	城市数/个	8	49	53	66	5
	所占比例/%	4.4	27.1	29.3	36.5	2.7
二氧化硫 控制区	城市数/个	0	0	3	39	22
	所占比例/%	0.0	0.0	4.7	60.9	34.4

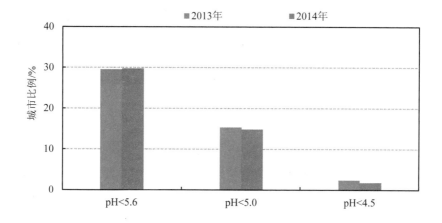

图 3-33　不同降水 pH 年均值的城市比例年际比较

3.2.2.2　两控区

2014 年，酸雨控制区内 181 个城市降水 pH 年均值为 4.01（重庆大足县）～7.30（广西凭祥市）。其中，酸雨城市 110 个，占酸雨控制区城市数的 60.8%；较重酸雨城市 57 个，占 31.5%；重酸雨城市 8 个，占 4.4%。与上年相比，酸雨和较重酸雨的城市比例分别上升 0.6 个和 0.9 个百分点，重酸雨城市比例下降 2.0 个百分点。

二氧化硫控制区内 64 个城市降水 pH 年均值为 5.35（天津市）～7.51（宁夏银川市）。其中，酸雨城市 3 个，占二氧化硫控制区城市数的 4.7%；无较重酸雨和重酸雨城市。与上年相比，二氧化硫控制区酸雨城市比例上升 3.1 个百分点，两年均未出现较重酸雨和重酸雨城市。

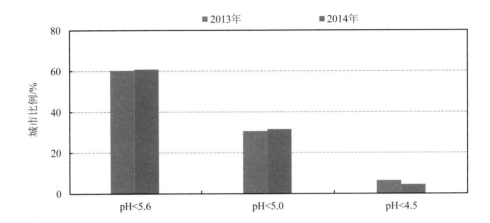

图 3-34　酸雨控制区内不同降水 pH 年均值的城市比例年际比较

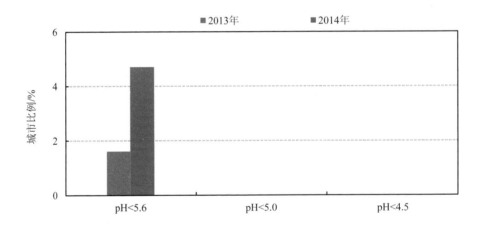

图 3-35　二氧化硫控制区内不同降水 pH 年均值的城市比例年际比较

3.2.3　酸雨频率

3.2.3.1　全国

2014 年，470 个城市酸雨频率均值为 17.4%，比上年下降 0.9 个百分点。208 个城市出现至少 1 次酸雨，占 44.3%；酸雨频率在 25%以上的城市 125 个，占 26.6%；酸雨频率在 50%以上的城市 72 个，占 15.3%；酸雨频率在 75%以上的城市 43 个，占 9.1%。与上年相比，酸雨频率在 25%以上和 50%以上的城市比例分别下降 0.9 个和 2.0 个百分点，酸雨频率在 75%以上的城市比例持平。

表 3-13　2014 年全国酸雨频率不同区间城市比例分布

范围		酸雨频率				
		0	0～25%	25%～50%	50%～75%	>75%
全国	城市数/个	262	83	53	29	43
	所占比例/%	55.7	17.7	11.3	6.2	9.1
酸雨控制区	城市数/个	35	47	41	24	34
	所占比例/%	19.3	26.0	22.6	13.3	18.8
二氧化硫控制区	城市数/个	54	9	1	0	0
	所占比例/%	84.4	14.1	1.5	0.0	0.0

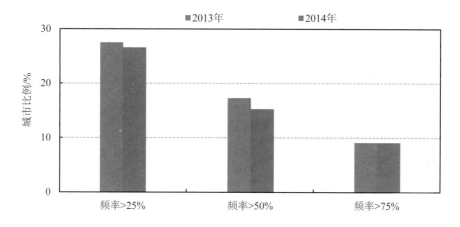

图 3-36　不同酸雨频率的城市比例年际比较

3.2.3.2　两控区

2014 年，酸雨控制区内 181 个城市中，146 个城市出现至少 1 次酸雨，占 80.7%；酸雨频率在 25% 以上的城市 99 个，占 54.7%；酸雨频率在 50% 以上的城市 58 个，占 32.0%；酸雨频率在 75% 以上的城市 34 个，占 18.8%。与上年相比，酸雨控制区内酸雨频率在 25% 以上和 50% 以上的城市比例分别下降 0.7 个和 1.3 个百分点，酸雨频率在 75% 以上的城市比例上升 0.5 个百分点。

二氧化硫控制区内 64 个城市中，10 个城市出现至少 1 次酸雨，占 15.6%；酸雨频率在 10% 以上的城市 3 个，占 4.7%；酸雨频率在 25% 以上的城市 1 个，占 1.6%；未出现酸雨频率超过 50% 的城市。与上年相比，二氧化硫控制区内出现酸雨的城市比例下降 0.3 个百分点，酸雨频率在 10% 以上的城市比例上升 3.1 个百分点，酸雨频率在 25% 以上的城市比例持平。

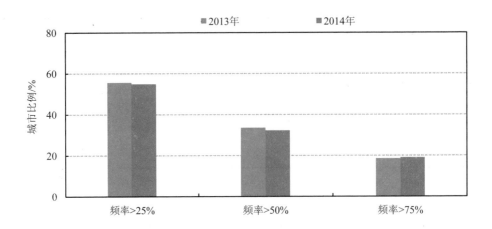

图 3-37 酸雨控制区内不同酸雨频率的城市比例年际比较

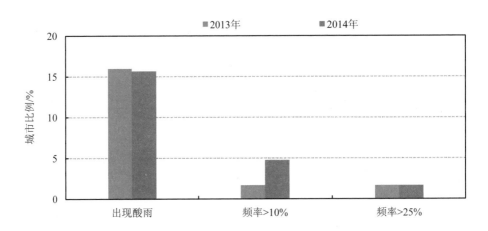

图 3-38 二氧化硫控制区内不同酸雨频率的城市比例年际比较

3.2.4 降水化学组成

3.2.4.1 全国

2014 年，全国 382 个城市的降水化学组成监测结果表明，降水中的主要阳离子为钙和铵，分别占离子总当量的 25.1%和 13.6%；降水中的主要阴离子为硫酸根，占离子总当量的 26.4%；硝酸根占离子总当量的 8.3%。与上年相比，硫酸根、硝酸根、氯离子和铵离子当量浓度比例上升，镁离子、钠离子和钾离子当量浓度比例下降，其他离子当量浓度比例基本持平。

降水中硫酸根和硝酸根的当量浓度比为3.2,硫酸盐仍为我国降水中的主要致酸物质。

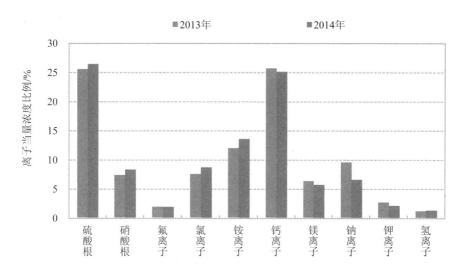

图 3-39　降水中主要离子当量浓度比例年际比较

3.2.4.2　两控区

2014 年,酸雨控制区内 163 个城市的降水化学组成监测结果表明,硫酸根和硝酸根占离子总当量的比例分别为 26.7%和 9.4%,均高于全国平均水平;钙离子占 22.6%,低于全国平均水平;铵离子占 15.1%,高于全国平均水平。

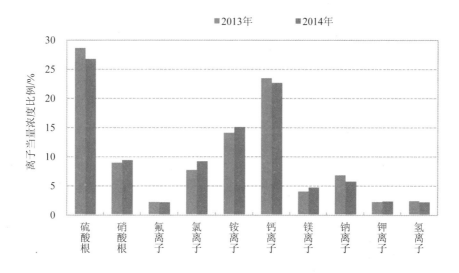

图 3-40　酸雨控制区降水中主要离子当量浓度比年际比较

二氧化硫控制区内 57 个城市的降水化学组成监测结果表明，硫酸根占离子总当量的比例为 26.8%，高于全国平均水平；硝酸根占 8.1%，低于全国平均水平；钙离子占 29.5%，高于全国平均水平；铵离子占 11.8%，低于全国平均水平。

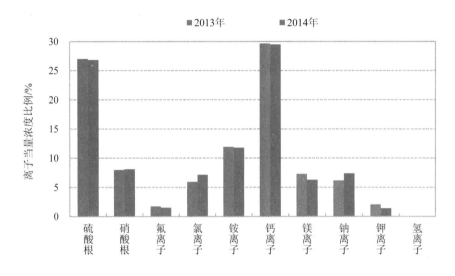

图 3-41　二氧化硫控制区降水中主要离子当量浓度比年际比较

与上年相比，酸雨控制区内硫酸根、钙离子和钠离子当量浓度比例下降，硝酸根、氯离子、铵离子和镁离子当量浓度比例升高，其他离子当量浓度比例基本持平；二氧化硫控制区内硫酸根、镁离子和钾离子当量浓度比例下降，氯离子和钠离子当量浓度比例升高，其他离子当量浓度比例基本持平。

3.2.5　酸雨区域分布

2014 年，全国酸雨分布区域集中在长江以南—青藏高原以东地区，主要包括浙江、江西、福建、湖南、重庆的大部分地区，以及长三角、珠三角地区。

2014 年，全国酸雨区面积约 97 万 km^2，约占国土面积的 10.1%；较重酸雨区面积比例约为 3.1%；重酸雨区面积比例约为 0.1%。与上年相比，酸雨、较重酸雨和重酸雨区面积比例分别下降 0.5 个、0.9 个和 0.1 个百分点。

2001—2014 年，全国酸雨区面积占国土面积的比例为 10.1%～15.6%，总体呈下降趋势；较重酸雨区面积比例 2001—2006 年呈上升趋势，2006—2014 年呈下降趋势；重酸雨区面积比例基本保持稳定。

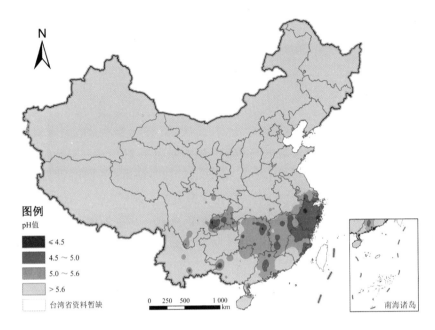

图 3-42 2014 年全国降水 pH 年均值等值线分布示意

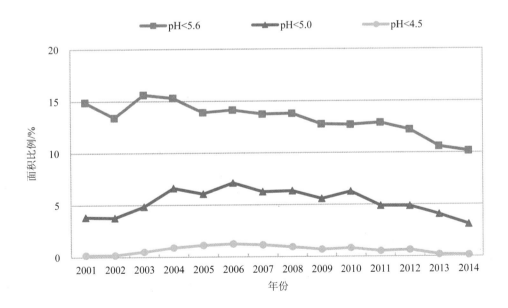

图 3-43 2001—2014 年不同类型酸雨区面积比例年际变化

3.3 地表水水质

3.3.1 全国地表水

2014 年，全国地表水有监测数据的 968 个国控断面（点位）中，Ⅰ类水质断面（点位）占 3.4%，同比上升 0.7 个百分点；Ⅱ类占 30.4%，同比下降 0.5 个百分点；Ⅲ类占 29.3%，同比下降 1.0 个百分点；Ⅳ类占 20.9%，同比上升 0.4 个百分点；Ⅴ类占 6.8%，同比上升 1.5 个百分点；劣Ⅴ类占 9.2%，同比下降 1.1 个百分点。与上年相比，水质无明显变化。主要污染指标为化学需氧量、总磷和五日生化需氧量。

专栏 3-5

地表水水质评价依据《地表水环境质量标准》（GB 3838—2002）和环保部《关于印发〈地表水环境质量评价办法（试行）〉的通知》（环办[2011]22 号）。采用单因子评价法，评价指标为 pH 值、溶解氧、高锰酸盐指数、化学需氧量、五日生化需氧量、氨氮、总磷、铜、锌、氟化物、硒、砷、汞、镉、铬（六价）、铅、氰化物、挥发酚、石油类、阴离子表面活性剂和硫化物共 21 项，总氮和粪大肠菌群作为参考指标单独评价（河流总氮无标准不评价）。超标率和超标倍数计算依据《地表水环境质量标准》Ⅲ类标准。

河流、水系水质定性评价

水质类别比例	水质状况
Ⅰ～Ⅲ类水质比例≥90%	优
75%≤Ⅰ～Ⅲ类水质比例＜90%	良
Ⅰ～Ⅲ类水质比例＜75%，且劣Ⅴ类比例＜20%	轻度污染
Ⅰ～Ⅲ类水质比例＜75%，且 20%≤劣Ⅴ类比例＜40%	中度污染
Ⅰ～Ⅲ类水质比例＜60%，且劣Ⅴ类比例≥40%	重度污染

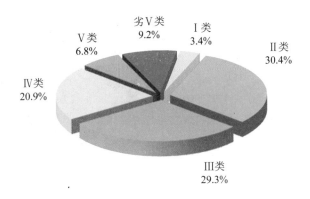

图 3-44　2014 年全国地表水总体水质类别比例

全国地表水国控断面（点位）高锰酸盐指数年均质量浓度为 3.9 mg/L，同比下降 0.1 mg/L；氨氮年均质量浓度为 0.80 mg/L，同比下降 0.05 mg/L。

地表水粪大肠菌群断面超标率为 18.5%，湖泊（水库）总氮点位超标率为 49.5%，分别比上年上升 0.3 个和 0.5 个百分点。

968 个国控断面（点位）中，有 6 个地表水国控断面（点位）出现 25 次重金属超标现象。从流域来看，超标断面（点位）分布在阳宗海（重要湖泊）、螳螂川（长江流域）、汾河（黄河流域）、武江（珠江流域）、堆龙河（西南诸河）和沙溪（浙闽片河流）。从分省来看，超标断面（点位）分布在西藏（1 个）、云南（2 个）、山西（1 个）、广东（1 个）、福建（1 个）。从污染指标来看，砷超标频次最高，占总超标次数的 68.0%；其次是汞，占 24.0%。在重金属超标断面（点位）中，砷超标断面（点位）3 个，共超标 17 次，超标倍数为 0.1～0.9 倍，最大超标断面出现在西南诸河西藏堆龙河东嘎断面；汞超标断面（点位）1 个，共超标 6 次，超标倍数为 0.8～6.0 倍，最大超标断面出现在长江流域云南螳螂川富民大桥断面；镉和锌超标断面（点位）均为 1 个，分别超标 1 次，浙闽片河流福建沙溪水汾桥断面镉超标 0.1 倍，黄河流域山西汾河温南社断面锌超标 0.8 倍。

3.3.2　主要江河

2014 年，七大流域及浙闽片河流、西北诸河和西南诸河监测的 702 个国控断面中，Ⅰ类水质断面占 2.8%，同比上升 1.0 个百分点；Ⅱ类占 36.9%，同比下降 0.8 个百分点；Ⅲ类占 31.5%，同比下降 0.7 个百分点；Ⅳ类占 15.0%，同比上升 0.5 个百分点；Ⅴ类占 4.8%，劣Ⅴ类占 9.0%，同比均持平。与上年相比，水质无明显变化。主要污染指标为化学需氧量、五日生化需氧量和总磷。

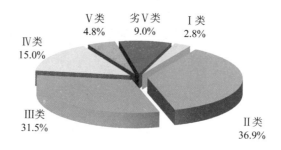

图 3-45 2014 年七大流域及浙闽片河流、西北诸河和西南诸河总体水质类别比例

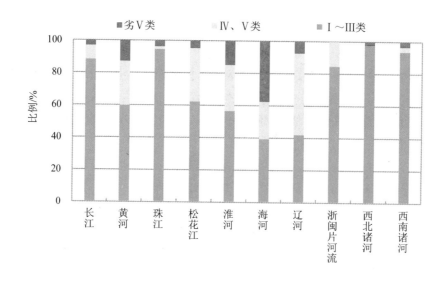

图 3-46 2014 年七大流域及浙闽片河流、西北诸河和西南诸河水质类别比较

3.3.2.1 长江流域

3.3.2.1.1 水质状况

2014 年,长江流域 159 个国控断面中,Ⅰ类水质断面占 4.4%,同比上升 2.5 个百分点;Ⅱ类占 51.0%,同比上升 0.4 个百分点;Ⅲ类占 32.7%,同比下降 4.2 个百分点;Ⅳ类占 6.9%,同比上升 0.6 个百分点;Ⅴ类占 1.9%,同比上升 0.7 个百分点;劣Ⅴ类占 3.1%,同比持平。与上年相比,水质无明显变化。

图例
Ⅰ类　　Ⅳ类
Ⅱ类　　Ⅴ类
Ⅲ类　　劣Ⅴ类
未监测　湖库

图 3-47　2014 年长江流域水质分布示意

长江干流 41 个国控断面中，Ⅰ类水质断面占 7.3%，同比上升 4.9 个百分点；Ⅱ类占 41.5%，同比下降 3.7 个百分点；Ⅲ类占 51.2%，同比下降 1.2 个百分点。与上年相比，水质无明显变化。其中，三峡库区水质良好，3 个国控断面均为Ⅲ类水质，与上年相比，水质无明显变化。

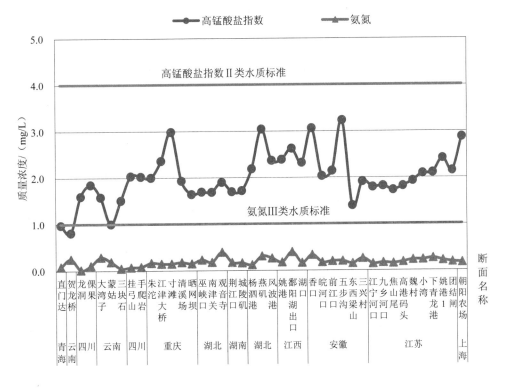

图 3-48　2014 年长江干流高锰酸盐指数和氨氮年均质量浓度沿程变化

长江主要支流 118 个国控断面中，Ⅰ类水质断面占 3.4%，同比上升 1.7 个百分点；Ⅱ类占 54.2%，同比上升 1.7 个百分点；Ⅲ类占 26.3%，同比下降 5.1 个百分点；Ⅳ类占 9.3%，同比上升 0.8 个百分点；V类占 2.6%，同比上升 0.9 个百分点；劣V类占 4.2%，同比持平。与上年相比，水质无明显变化。其中，螳螂川、浈水、府河和釜溪河为重度污染，岷江、沱江、滁河、外秦淮河、黄浦江、花垣河和唐白河为轻度污染，其他支流水质均为优良。

长江流域省界 28 个国控断面中，Ⅰ类水质断面占 7.1%，同比上升 3.5 个百分点；Ⅱ类占 53.6%，同比持平；Ⅲ类占 28.6%，同比下降 7.1 个百分点；Ⅳ类占 3.6%，同比持平；Ⅴ类占 7.1%，同比上升 7.1 个百分点；无劣Ⅴ类水质断面，同比下降 3.5 个百分点。与上年相比，水质有所下降。

长江流域国控断面涉及的 50 个城市河段中，Ⅰ类水质断面占 2.0%，同比上升 2.0 个百分点；Ⅱ类占 40.0%，同比上升 2.0 个百分点；Ⅲ类占 40.0%，同比下降 6.0 个百分点；Ⅳ类占 10.0%，同比持平；Ⅴ类占 2.0%，同比上升 2.0 个百分点；劣Ⅴ类占 6.0%，同比持平。与上年相比，水质无明显变化。其中，螳螂川云南昆明段、府河四川成都段和釜溪河四川自贡段为重度污染。

3.3.2.1.2 水质月际变化

2014 年，长江流域 1—12 月水质均为优良。

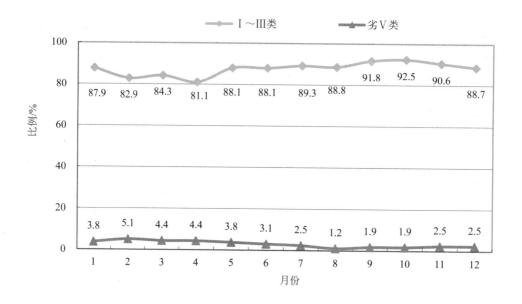

图 3-49 2014 年长江流域水质类别月际变化

3.3.2.1.3 主要超标指标

2014 年，长江流域总磷、氨氮和五日生化需氧量超标较重，断面超标率分别为 8.8%、6.3% 和 4.4%。

表 3-14 2014 年长江流域超标指标情况

指标	统计断面数/个	年均值断面超标率/%	年均值范围/（mg/L）	年均值超标最高断面及超标倍数	
				断面名称	超标倍数
总磷	159	8.8	0.01～0.60	府河成都市黄龙溪	2.0
氨氮	159	6.3	0.01～4.80	涢水武汉市朱家河口	3.8
五日生化需氧量	159	4.4	未检出～12.3	螳螂川昆明市富民大桥	2.1
化学需氧量	159	3.8	未检出～59.4	螳螂川昆明市富民大桥	2.0
石油类	159	2.5	未检出～0.453	螳螂川昆明市富民大桥	8.1
高锰酸盐指数	159	1.9	0.8～10.5	螳螂川昆明市富民大桥	0.8
阴离子表面活性剂	159	1.3	未检出～0.33	涢水武汉市朱家河口	0.7
汞	159	0.6	未检出～0.000 18	螳螂川昆明市富民大桥	0.8
氟化物	159	0.6	0.07～1.61	螳螂川昆明市富民大桥	0.6

3.3.2.2 黄河流域

3.3.2.2.1 水质状况

2014 年，黄河流域 62 个国控断面中，Ⅰ类水质断面占 1.6%，同比持平；Ⅱ类占 33.9%，同比上升 8.1 个百分点；Ⅲ类占 24.2%，同比下降 6.5 个百分点；Ⅳ类占 19.3%，同比上升 1.6 个百分点；Ⅴ类占 8.1%，同比持平；劣Ⅴ类占 12.9%，同比下降 3.2 个百分点。与上年相比，水质无明显变化。主要污染指标为化学需氧量、氨氮和五日生化需氧量。

图 3-50 2014 年黄河流域水质分布示意

黄河干流 26 个国控断面中，Ⅰ类水质断面占 3.8%，同比持平；Ⅱ类占 53.8%，同比上升 15.3 个百分点；Ⅲ类占 34.7%，同比下降 15.3 个百分点；Ⅳ类占 7.7%，同比持平；无Ⅴ类和劣Ⅴ类断面，与上年相同。与上年相比，水质无明显变化。

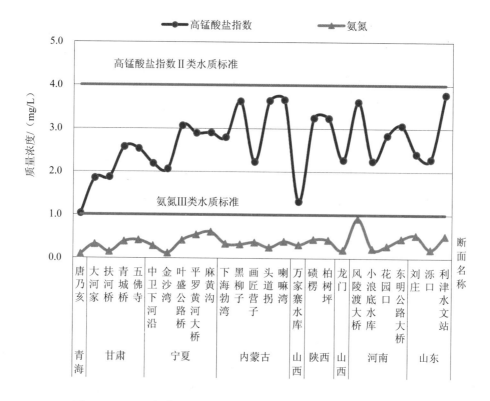

图 3-51　2014 年黄河干流高锰酸盐指数和氨氮年均质量浓度沿程变化

黄河主要支流 36 个国控断面中，无 I 类水质断面，与上年相同；II 类占 19.4%，同比上升 2.8 个百分点；III 类占 16.7%，同比持平；IV 类占 27.8%，同比上升 2.8 个百分点；V 类占 13.9%，同比持平；劣 V 类占 22.2%，同比下降 5.6 个百分点。与上年相比，水质无明显变化。主要污染指标为氨氮、总磷和五日生化需氧量。

黄河流域省界 19 个国控断面中，无 I 类和 V 类水质断面，与上年相同；II 类水质断面占 31.6%，同比上升 5.3 个百分点；III 类占 26.3%，同比持平；IV 类占 31.6%，同比上升 5.3 个百分点；劣 V 类占 10.5%，同比下降 10.6 个百分点。与上年相比，水质无明显变化。晋—晋、陕交界的汾河运城河津大桥断面和涑水河运城张留庄断面为重度污染。

黄河流域国控断面涉及的 35 个城市河段中，无 I 类水质断面，与上年相同；II 类水质断面占 22.9%，同比上升 8.6 个百分点；III 类占 25.7%，同比下降 8.6 个百分点；IV 类占 22.8%，同比上升 5.7 个百分点；V 类占 8.6%，同比下降 5.7 个百分点；劣 V 类占 20.0%，同比持平。与上年相比，水质无明显变化。其中，总排干内蒙古巴彦淖尔段，三川河山西吕梁段，汾河山西太原段、临汾段、运城段，涑水河山西运城段和渭河陕西西安段为重度污染。

3.3.2.2.2　水质月际变化

2014 年，黄河流域 1—3 月和 5 月为中度污染，其他月份为轻度污染。

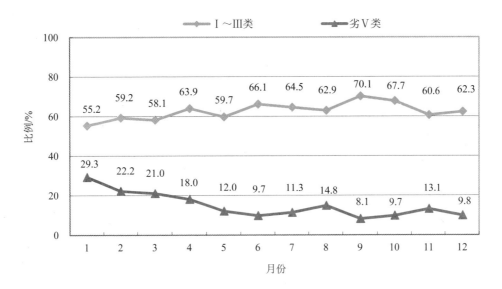

图 3-52　2014 年黄河流域水质类别月际变化

3.3.2.2.3　主要超标指标

2014 年，黄河流域氨氮、化学需氧量和五日生化需氧量超标较重，断面超标率分别为 29.0%、29.0%和 27.4%。

表 3-15　2014 年黄河流域超标指标情况

指标	统计断面数/个	年均值断面超标率/%	年均值范围/（mg/L）	年均值超标最高断面及超标倍数	
				断面名称	超标倍数
氨氮	62	29.0	0.19～17.4	汾河太原市温南社	16.4
化学需氧量	62	29.0	5.4～105.4	汾河太原市温南社	4.3
五日生化需氧量	62	27.4	1.0～26.7	汾河太原市温南社	5.7
总磷	62	25.8	0.039～2.49	汾河太原市温南社	11.5
石油类	62	21.0	未检出～0.492	汾河太原市小店桥	7.9
高锰酸盐指数	62	16.1	1.6～27.6	汾河太原市温南社	3.6
挥发酚	62	8.1	未检出～0.088	山川河吕梁市寨东桥	0.8
氟化物	62	8.1	0.21～1.35	汾河运城市河津大桥	0.3
阴离子表面活性剂	62	4.8	0.024～0.534	汾河太原市温南社	1.5

3.3.2.3　珠江流域

3.3.2.3.1　水质状况

2014 年，珠江流域 54 个国控断面中，Ⅰ类水质断面占 5.6%，同比上升 5.6 个百分点；Ⅱ类占 74.1%，同比下降 5.5 个百分点；Ⅲ类占 14.8%，同比持平；Ⅳ类占 1.8%，同比上升 1.8 个百分点；劣Ⅴ类占 3.7%，同比下降 1.9 个百分点；无Ⅴ类水质断面，与上年相同。
与上年相比，水质无明显变化。

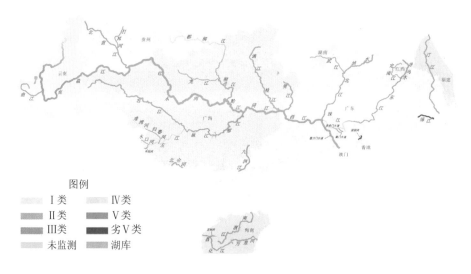

图 3-53　2014 年珠江流域水质分布示意

珠江干流 18 个国控断面中，Ⅰ类水质断面占 5.6%，同比上升 5.6 个百分点；Ⅱ类占
77.8%，同比下降 11.2 个百分点；Ⅲ类占 11.0%，同比持平；Ⅳ类占 5.6%，同比上升 5.6
个百分点；无Ⅴ类和劣Ⅴ类水质断面，与上年相同。与上年相比，水质无明显变化。

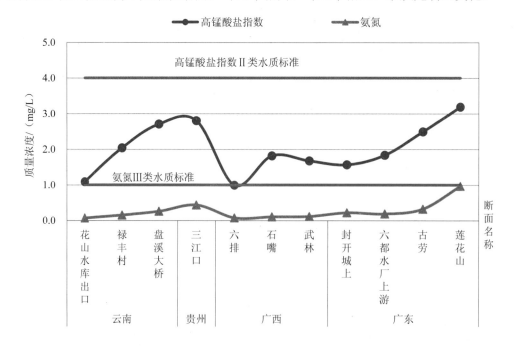

图 3-54　2014 年珠江干流（西江）高锰酸盐指数和氨氮年均质量浓度沿程变化

珠江主要支流 26 个国控断面中，Ⅰ类水质断面占 7.7%，同比上升 7.7 个百分点；Ⅱ类占 73.1%，同比下降 3.9 个百分点；Ⅲ类占 11.5%，同比持平；劣Ⅴ类占 7.7%，同比下降 3.8 个百分点；无Ⅳ类和Ⅴ类水质断面，与上年相同。与上年相比，水质无明显变化。其中，深圳河河口断面为劣Ⅴ类水质，主要污染指标为氨氮、总磷和五日生化需氧量；练江青洋山桥断面为劣Ⅴ类水质，主要污染指标为氨氮、五日生化需氧量和总磷。

海南岛内 4 条河流中，南渡江、万泉河和昌化江水质为优，石碌河水质良好。与上年相比，水质无明显变化。

珠江流域省界 10 个国控中，Ⅰ类水质断面占 10.0%，同比上升 10.0 个百分点；Ⅱ类占 70.0%，同比持平；Ⅲ类占 20.0%，同比持平；无劣Ⅴ类水质断面，同比下降 10.0 个百分点；无Ⅳ类和Ⅴ类水质断面，与上年相同。与上年相比，水质无明显变化。

珠江流域国控断面涉及的 4 个城市河段中，深圳河广东深圳段为重度污染，其他河段水质优良。与上年相比，水质无明显变化。

3.3.2.3.2 水质月际变化

2014 年，珠江流域 2 月、7 月、8 月、10 月和 11 月水质良好，其他月份水质均为优。

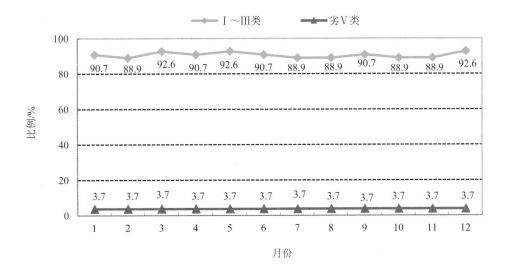

图 3-55 2014 年珠江流域水质类别月际变化

3.3.2.3.3 主要超标指标

2014 年，珠江流域氨氮、总磷、五日生化需氧量、化学需氧量、高锰酸盐指数和石油类超标较重，断面超标率均为 3.7%。

表 3-16   2014 年珠江流域超标指标情况

指标	统计断面数/个	年均值断面超标率/%	年均值范围/（mg/L）	年均值超标最高断面及超标倍数	
				断面名称	超标倍数
氨氮	54	3.7	0.03～8.72	深圳河深圳市河口	7.7
总磷	54	3.7	未检出～1.440	深圳河深圳市河口	6.2
五日生化需氧量	54	3.7	未检出～25.3	练江汕头市青洋山桥	5.3
化学需氧量	54	3.7	未检出～99.0	练江汕头市青洋山桥	4.0
高锰酸盐指数	54	3.7	1.0～22.4	练江汕头市青洋山桥	2.7
石油类	54	3.7	未检出～0.171	练江汕头市青洋山桥	2.4
硫化物	54	1.8	未检出～1.01	练江汕头市青洋山桥	4.1
阴离子表面活性剂	54	1.8	未检出～0.88	练江汕头市青洋山桥	3.4
氟化物	54	1.8	0.057～1.56	练江汕头市青洋山桥	0.6
挥发酚	54	1.8	未检出～0.007 6	深圳河深圳市河口	0.5

3.3.2.4   松花江流域

3.3.2.4.1   水质状况

2014 年，松花江流域 87 个国控断面中，无 I 类水质断面，与上年相同；II 类占 6.9%，同比上升 1.2 个百分点；III 类占 55.2%，同比上升 5.2 个百分点；IV 类占 28.7%，同比下降 1.9 个百分点；V 类占 4.6%，同比下降 3.4 个百分点；劣 V 类占 4.6%，同比下降 1.1 个百分点。主要污染指标为化学需氧量、高锰酸盐指数和五日生化需氧量。

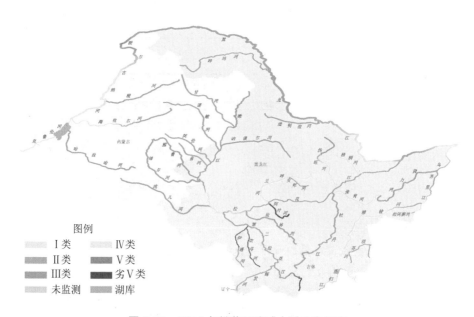

图 3-56   2014 年松花江流域水质分布示意

松花江干流 16 个国控断面中，无 I 类水质断面，与上年相同；II 类占 6.2%，同比下降 6.3 个百分点；III 类占 81.4%，同比上升 12.6 个百分点；IV 类占 6.2%，同比上升 6.2 个百分点；无 V 类断面，同比下降 12.5 个百分点；劣 V 类占 6.2%，同比持平。与上年相比，水质无明显变化。

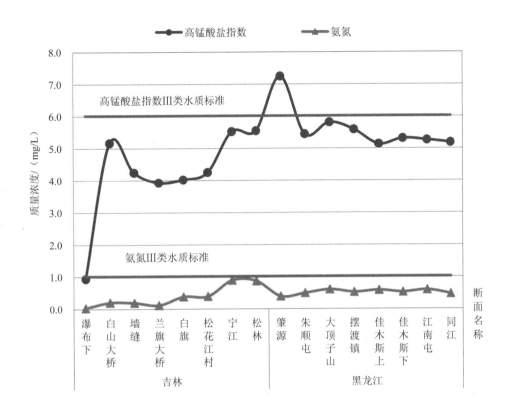

图 3-57　2014 年松花江干流高锰酸盐指数和氨氮年均质量浓度沿程变化

松花江主要支流 34 个国控断面中，无 I 类水质断面，与上年相同；II 类占 11.8%，同比上升 3.0 个百分点；III 类占 52.9%，同比上升 2.9 个百分点；IV 类占 20.6%，同比下降 3.0 个百分点；V 类占 5.9%，同比下降 2.9 个百分点；劣 V 类占 8.8%，同比持平。与上年相比，水质无明显变化。主要污染指标为高锰酸盐指数、化学需氧量和氨氮。

黑龙江水系 22 个国控断面中，无 I 类水质断面，与上年相同；II 类占 4.5%，同比上升 4.5 个百分点；III 类占 45.5%，同比上升 4.6 个百分点；IV 类占 45.5%，同比上升 4.6 个百分点；V 类占 4.5%，同比下降 9.1 个百分点；无劣 V 类断面，同比下降 4.6 个百分点。与上年相比，水质有所好转。主要污染指标为高锰酸盐指数和化学需氧量。

乌苏里江水系 9 个国控断面中，III 类水质断面占 44.4%，同比上升 11.1 个百分点；IV 类占 55.6%，同比下降 11.1 个百分点；无 I 类、II 类、V 类和劣 V 类水质断面，与上年相同。与上年相比，水质有所好转。主要污染指标为高锰酸盐指数、化学需氧量和总磷。

图们江水系 5 个国控断面中，Ⅲ类水质断面占 40.0%，同比下降 10.0 个百分点；Ⅳ类占 40.0%，同比上升 6.7 个百分点；Ⅴ类占 20.0%，同比上升 3.3 个百分点；无Ⅰ类、Ⅱ类和劣Ⅴ类水质断面，与上年相同。与上年相比，水质无明显变化。主要污染指标为高锰酸盐指数、化学需氧量和总磷。

绥芬河监测的 1 个国控断面为Ⅲ类水质。与上年相比，水质无明显变化。

松花江流域省界 13 个国控断面中，Ⅱ类水质断面占 30.8%，同比上升 7.7 个百分点；Ⅲ类占 53.8%，同比下降 7.7 个百分点；Ⅳ类占 15.4%，同比持平；无Ⅰ类、Ⅴ类和劣Ⅴ类水质断面，与上年相同。

松花江流域国控断面涉及的 12 个城市河段中，无Ⅰ类和Ⅱ类水质河段，与上年相同；Ⅲ类占 50.0%，同比持平；Ⅳ类占 33.4%，同比上升 16.7 个百分点；Ⅴ类占 8.3%，同比下降 16.7 个百分点；劣Ⅴ类占 8.3%，同比持平。其中，阿什河黑龙江哈尔滨段为重度污染。

3.3.2.4.2 水质月际变化

2014 年，受结冰和化冰期的影响，松花江流域 3 月、4 月、11 月和 12 月监测断面较少，未进行评价，其他月份均为轻度污染。

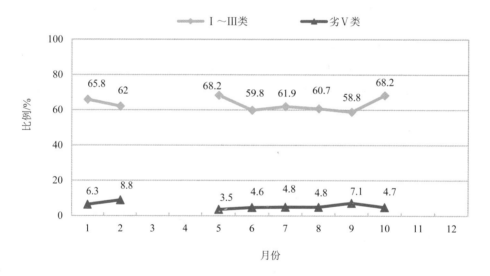

图 3-58　2014 年松花江流域水质类别月际变化

3.3.2.4.3 主要超标指标

2014 年，松花江流域化学需氧量、高锰酸盐指数、总磷和五日生化需氧量超标较重，断面超标率分别为 33.3%、27.6%、5.7%和 5.7%。

表 3-17　2014 年松花江流域超标指标情况

指标	统计断面数/个	年均值断面超标率/%	年均值范围/（mg/L）	年均值超标最高断面及超标倍数	
				断面名称	超标倍数
化学需氧量	87	33.3	3.5～70.1	伊通河长春市杨家崴子	2.5
高锰酸盐指数	87	27.6	0.92～14.1	伊通河长春市杨家崴子	1.4
总磷	87	5.7	0.011～1.176	伊通河长春市杨家崴子	4.9
五日生化需氧量	87	5.7	0.49～17.1	伊通河长春市杨家崴子	3.3
氨氮	87	4.6	0.01～12.90	伊通河长春市杨家崴子	11.9
石油类	87	3.4	未检出～0.223	安邦河双鸭山市滚兔岭	3.5
阴离子表面活性剂	87	2.3	0.005～0.31	伊通河长春市杨家崴子	0.5
挥发酚	87	2.3	未检出～0.007 1	伊通河长春市杨家崴子	0.4
氟化物	87	1.1	2.1	松花江白山市瀑布下	1.1

3.3.2.4.4　水生生物试点监测

2013 年，松花江流域共采集着生藻类和浮游生物样品 224 个。其中，河流共鉴定出 92 个属，各背景断面以蛾眉藻属植物为优势种类，干流以硅藻门的直链藻属和异极藻属的种类为主，属于硅藻-绿藻型；湖泊共鉴定出 56 个属，属于绿藻-硅藻型。评价结果显示，6 月和 9 月各断面沿程变化趋势大体相同，部分断面属于轻～中污染。

全流域共采集底栖动物样品 267 个，监测出 262 个分类单位。其中对环境敏感的 EPT 物种（襀翅目、蜉蝣目、毛翅目）147 个属种，占 56.1%，也是多数点位的优势类群，表明多数断面水环境质量较好。综合评价显示水生态状况良好或轻污染的断面 61 个，占监测断面的 89%。

全年共监测鱼类个体 329 条，制备鱼类样品 79 个。每个样品进行 7 个大项、55 个小项的分析。监测结果显示，鱼体中重金属（Cr、Hg、As、Pb、Cd）、多环芳烃、有机氯农药、挥发性有机物、多氯联苯和内分泌干扰物（双酚 A、壬基酚）含量未超标。氯酚类均未检出。组织切片实验显示鱼类组织样本结构形态未见异常，组织细胞核质结构正常，未见组织病变或形态异常。彗星实验显示监测样品的鱼肉细胞均未出现彗星细胞，表明鱼体未出现任何形式的 DNA 损伤。

与 2012 年试点监测结果比较，2013 年多数点位群落结构保持稳定。监测的藻类植物群落在大部分区域多样性程度较高，种群分布均匀，整体状况较为稳定。河流中硅藻门植物种类数比例有所上升，优势地位更加显著，群落稳定性有一定程度的提高。监测的底栖动物年际综合评价显示，81.5% 的断面保持或优于 2012 年水平。

佳木斯—同江江段水生态状况改善明显，监测到的底栖动物种类从 2012 年的 41 种大幅增加到 2013 年的 60 种，并监测到襀翅目襟襀属、蜉蝣目拟细裳蜉属和似动蜉属等多种指示清洁的物种。同时，水生昆虫的栖息密度大幅增加，最大值由 437 个/笼（同江右）增至 2013 年的 1 614 个/笼（江南屯右）。

3.3.2.5 淮河流域

3.3.2.5.1 水质状况

2014 年，淮河流域 94 个国控断面中，无 I 类水质断面，与上年相同；II 类占 7.5%，同比上升 1.1 个百分点；III 类占 48.9%，同比下降 4.3 个百分点；IV 类占 21.3%，同比上升 3.2 个百分点；V 类占 7.4%，同比下降 3.2 个百分点；劣 V 类占 14.9%，同比上升 3.2 个百分点。与上年相比，水质无明显变化。主要污染指标为化学需氧量、五日生化需氧量和高锰酸盐指数。

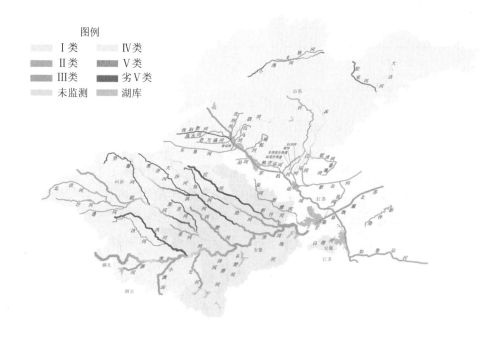

图 3-59　2014 年淮河流域水质分布示意

淮河干流 10 个国控断面中，无 I 类水质断面，与上年相同；II 类占 30.0%，同比上升 20.0 个百分点；III 类占 50.0%，同比下降 30.0 个百分点；IV 类占 20.0%，同比上升 10.0 个百分点；无 V 类和劣 V 类水质断面，与上年相同。与上年相比，水质有所下降。

淮河主要支流 42 个国控断面中，无 I 类水质断面，与上年相同；II 类占 4.8%，同比下降 7.1 个百分点；III 类占 28.5%，同比上升 2.3 个百分点；IV 类占 31.0%，同比上升 7.2 个百分点；V 类占 11.9%，同比下降 7.2 个百分点；劣 V 类占 23.8%，同比上升 4.8 个百分点。与上年相比，水质有所下降。主要污染指标为化学需氧量、五日生化需氧量和总磷。

沂沭泗水系 11 个国控断面中，无 I 类水质断面，与上年相同；II 类占 9.1%，与上年相同；III 类占 72.7%，同比下降 18.2 个百分点；IV 类占 18.2%，同比上升 9.1 个百分点；无 V 类和劣 V 类水质断面，与上年相同。与上年相比，水质有所下降。

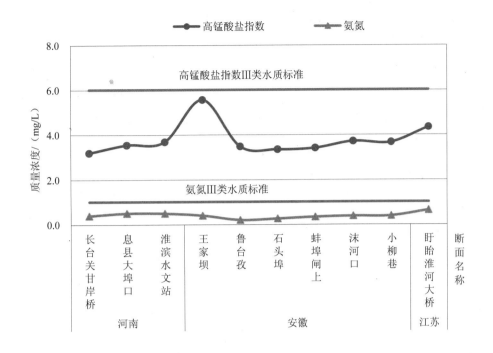

图 3-60　2014 年淮河干流高锰酸盐指数和氨氮年均质量浓度沿程变化

淮河流域其他水系 31 个国控断面中，无Ⅰ类水质断面，与上年相同；Ⅱ类占 3.2%，同比上升 3.2 个百分点；Ⅲ类占 67.7%，同比持平；Ⅳ类占 9.7%，同比下降 6.4 个百分点；Ⅴ类占 6.5%，同比持平；劣Ⅴ类占 12.9%，同比上升 3.2 个百分点。与上年相比，水质无明显变化。主要污染指标为化学需氧量、五日生化需氧量和高锰酸盐指数。

淮河流域省界 27 个国控断面中，无Ⅰ类水质断面，与上年相同；Ⅱ类占 7.4%，同比持平；Ⅲ类占 37.1%，同比持平；Ⅳ类占 18.5%，同比持平；Ⅴ类占 11.1%，同比下降 7.4 个百分点；劣Ⅴ类占 25.9%，同比上升 7.4 个百分点。与上年相比，水质有所下降。主要污染指标为化学需氧量、高锰酸盐指数和五日生化需氧量。豫—皖交界的洪河新蔡班台、颍河界首七渡口、涡河亳州、沱河小王桥、惠济河刘寨村后、包河颜集和黑茨河张大桥断面污染较重。

淮河流域国控断面涉及的 12 个城市河段中，无Ⅰ类水质断面，与上年相同；Ⅱ类占 16.7%，同比上升 8.3 个百分点；Ⅲ类占 58.3%，同比下降 8.4 个百分点；Ⅳ类占 16.7%，同比上升 8.4 个百分点；无Ⅴ类水质断面，同比下降 8.3 个百分点；劣Ⅴ类占 8.3%，同比持平。其中，小清河山东济南段为重度污染。

3.3.2.5.2　水质月际变化

2014 年，淮河流域 1—12 月均为轻度污染。

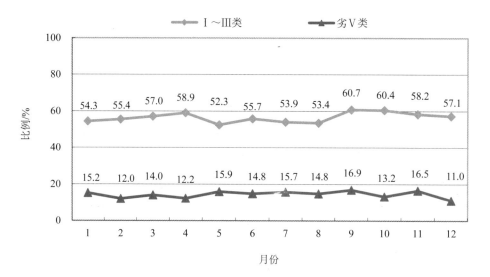

图 3-61　2014 年淮河流域水质类别月际变化

3.3.2.5.3　主要超标指标

2014 年，淮河流域化学需氧量、五日生化需氧量和高锰酸盐指数超标较重，断面超标率分别为 42.6%、29.8%和 23.4%。

表 3-18　2014 年淮河流域超标指标情况

指标	统计断面数/个	年均值断面超标率/%	年均值范围/（mg/L）	年均值超标最高断面及超标倍数	
				断面名称	超标倍数
化学需氧量	94	42.6	5.0～78.8	包河亳州市颜集	2.9
五日生化需氧量	94	29.8	1.78～13.8	包河亳州市颜集	2.4
高锰酸盐指数	94	23.4	2.58～14.5	黑茨河阜阳市张大桥	1.4
总磷	94	20.2	0.023～2.41	黑茨河阜阳市张大桥	11.0
氨氮	94	17.0	0.013～6.50	包河亳州市颜集	5.5
氟化物	94	11.7	0.099～4.553	胶莱河青岛市新河大闸	3.6
石油类	94	8.5	未检出～0.573	小清河潍坊市羊口	10.5
挥发酚	94	5.3	未检出～0.007 2	小清河济南市辛丰庄	0.4

3.3.2.6　海河流域

3.3.2.6.1　水质状况

2014 年，海河流域 64 个国控断面中，Ⅰ类水质断面占 4.7%，同比上升 3.1 个百分点；Ⅱ类占 14.1%，同比下降 4.6 个百分点；Ⅲ类占 20.3%，同比上升 1.6 个百分点；Ⅳ类占 14.1%，同比上升 4.7 个百分点；Ⅴ类占 9.3%，同比下降 3.2 个百分点；劣Ⅴ类占 37.5%，同比下降 1.6 个百分点。与上年相比，水质无明显变化。主要污染指标为化学需氧量、五日生化需氧量和总磷。

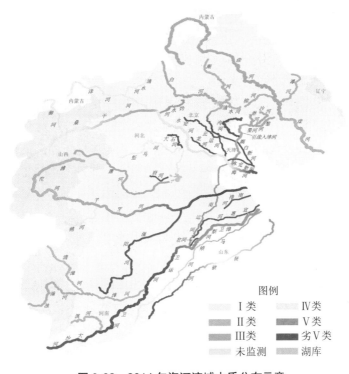

图 3-62　2014 年海河流域水质分布示意

海河干流 2 个国控断面分别为Ⅳ类和劣Ⅴ类水质，主要污染指标为氨氮、高锰酸盐指数和化学需氧量。与上年相比，水质无明显变化。

海河主要支流 50 个国控断面中，Ⅰ类水质断面占 6.0%，同比上升 4.0 个百分点；Ⅱ类占 12.0%，同比下降 8.0 个百分点；Ⅲ类占 20.0%，同比上升 2.0 个百分点；Ⅳ类占 12.0%，同比上升 6.0 个百分点；Ⅴ类占 6.0%，同比下降 6.0 个百分点；劣Ⅴ类占 44.0%，同比上升 2.0 个百分点。与上年相比，水质无明显变化。主要污染指标为化学需氧量、五日生化需氧量和氨氮。

滦河水系 6 个国控断面中，Ⅱ类水质断面占 50.0%，同比上升 16.7 个百分点；Ⅲ类占 50.0%，同比持平；无Ⅳ类水质，同比下降 16.7 个百分点；无Ⅰ类、Ⅴ类和劣Ⅴ类水质断面，与上年相同。与上年相比，水质有所好转。

徒骇马颊河水系 6 个国控断面中，无Ⅰ～Ⅲ类水质断面，与上年相同；Ⅳ类水质断面占 33.3%，同比上升 16.6 个百分点；Ⅴ类占 50.0%，同比上升 16.7 个百分点；劣Ⅴ类占 16.7%，同比下降 33.3 个百分点。与上年相比，水质明显好转。主要污染指标为化学需氧量、五日生化需氧量和高锰酸盐指数。

海河流域省界 34 个国控断面中，Ⅰ类水质断面占 8.8%，同比上升 8.8 个百分点；Ⅱ类占 11.8%，同比下降 11.7 个百分点；Ⅲ类占 20.6%，同比上升 5.9 个百分点；Ⅳ类占 14.7%，同比上升 5.9 个百分点；Ⅴ类占 2.9%，同比下降 11.8 个百分点；劣Ⅴ类占 41.2%，同比上升 2.9 个百分点。与上年相比，水质有所下降。主要污染指标为化学需氧量、五日生化需氧量和氨氮。冀—津交界的子牙新河沧州阎新庄断面、潮白新河天津大套桥断面、北运河天津土门楼断面、龙河廊坊大王务断面，京—冀交界的北运河北京榆林庄断面、廊坊王家摆断面、沟河北京东店断面、大石河保定码头断面，豫—冀交界的卫河濮阳南乐元村集断面、邯郸龙王庙断面，冀—鲁交界的卫运河聊城称勾湾断面，鲁—冀交界的卫运河邢台临清断面、岔河沧州东宋门断面和豫—鲁交界的徒骇河聊城毕屯断面污染较重。

海河流域国控断面涉及的 7 个城市河段中，Ⅲ类水质河段占 14.3%，同比持平；Ⅳ类占 28.6%，同比持平；无Ⅴ类水质河段，同比下降 14.3 个百分点；劣Ⅴ类占 57.1%，同比上升 14.3 个百分点；无Ⅰ类和Ⅱ类河段，与上年相同。其中，龙河河北廊坊段、滏阳河河北邢台段、岔河山东德州段和府河河北保定段为重度污染。

3.3.2.6.2 水质月际变化

2014 年，海河流域 1—3 月、5 月、6 月和 12 月为重度污染，其他月份均为中度污染。

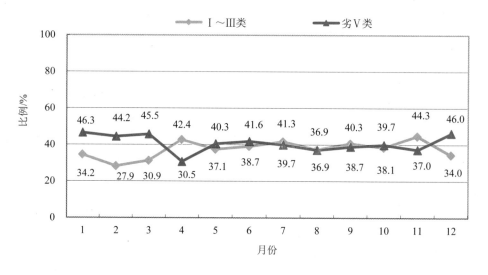

图 3-63 2014 年海河流域水质类别月际变化

3.3.2.6.3 主要超标指标

2014 年，海河流域化学需氧量、五日生化需氧量、氨氮和总磷超标较重，断面超标率分别为 57.8%、51.6%、48.4% 和 48.4%。

表 3-19　2014 年海河流域超标指标情况

指标	统计断面数/个	年均值断面超标率/%	年均值范围/（mg/L）	年均值超标最高断面及超标倍数	
				断面名称	超标倍数
化学需氧量	64	57.8	2.9~100	了牙新河沧州市阎辛庄	4.0
五日生化需氧量	64	51.6	0.2~17.4	北运河北京市榆林庄	3.4
氨氮	64	48.4	0.01~20.9	府河保定市安州	19.9
总磷	64	48.4	0.005~1.81	府河保定市安州	8.1
高锰酸盐指数	64	42.2	1.0~21.3	南排河沧州市李家堡一	2.6
石油类	64	37.5	未检出~0.406	卫河濮阳市南乐元村集	7.1
氟化物	64	17.2	0.18~1.31	徒骇河聊城市毕屯	0.3
阴离子表面活性剂	64	10.9	未检出~0.71	北运河北京市榆林庄	2.5
挥发酚	64	9.4	未检出~0.015 0	岔河沧州市东宋门	2.0

3.3.2.7　辽河流域

3.3.2.7.1　水质状况

2014 年，辽河流域 55 个国控断面中，Ⅰ类水质断面占 1.8%，同比持平；Ⅱ类占 34.5%，同比下降 1.9 个百分点；Ⅲ类占 5.5%，同比下降 1.8 个百分点；Ⅳ类占 40.0%，同比下降 5.5 个百分点；Ⅴ类占 10.9%，同比上升 7.3 个百分点；劣Ⅴ类占 7.3%，同比上升 1.9 个百分点。与上年相比，水质无明显变化。主要污染指标为化学需氧量、五日生化需氧量和石油类。

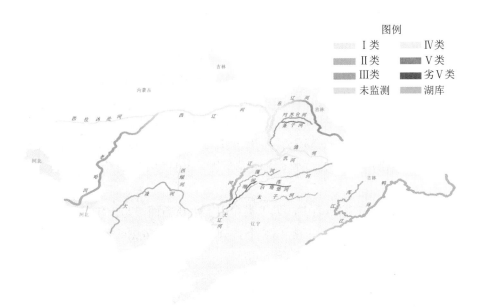

图 3-64　2014 年辽河流域水质分布示意

辽河干流 14 个国控断面中，无 I 类水质断面，与上年相同；II 类占 14.3%，同比持平；III 类占 7.1%，同比下降 7.2 个百分点；IV 类占 57.2%，同比持平；V 类占 21.4%，同比上升 14.3 个百分点；无劣 V 类水质断面，同比下降 7.1 个百分点。其中，老哈河和东辽河水质良好，西辽河和辽河为轻度污染。与上年相比，水质无明显变化。主要污染指标为化学需氧量、五日生化需氧量和高锰酸盐指数。

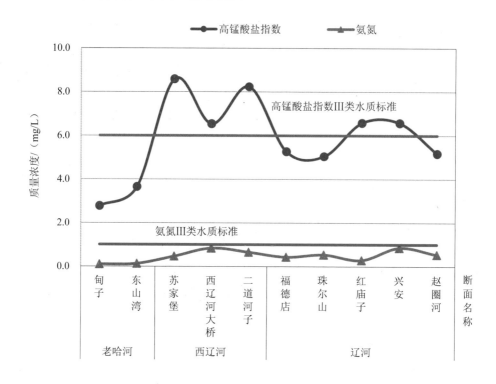

图 3-65 2014 年辽河干流高锰酸盐指数和氨氮年均质量浓度沿程变化

辽河主要支流 6 个国控断面中，无 I ～III 类水质断面，同比下降 16.7 个百分点；IV 类占 50.0%，同比持平；V 类占 33.3%，同比上升 33.3 个百分点；劣 V 类占 16.7%，同比下降 16.6 个百分点。与上年相比，水质无明显变化。主要污染指标为五日生化需氧量、化学需氧量和石油类。

大辽河水系 16 个国控断面中，无 I 类和III类水质断面，与上年相同；II 类占 18.8%，同比持平；IV类占 56.2%，同比下降 18.8 个百分点；V 类占 6.2%，同比上升 6.2 个百分点；劣 V 类占 18.8%，同比上升 12.6 个百分点。与上年相比，水质有所下降。主要污染指标为石油类、五日生化需氧量和氨氮。

大凌河水系 5 个国控断面中，无 I 类、V 类和劣 V 类水质断面，与上年相同；II 类占 20.0%，同比下降 20.0 个百分点；III 类占 40.0%，同比上升 20.0 个百分点；IV类占 40.0%，同比持平。与上年相比，水质无明显变化。主要污染指标为五日生化需氧量、化学需氧量和高锰酸盐指数。

鸭绿江水系14个国控断面均为 I 类和 II 类水质。I 类水质断面占 7.1%，II 类占 92.9%，同比均持平。与上年相比，水质无明显变化。

辽河流域省界 8 个国控断面中，无 I 类水质断面，与上年相同；II 类占 25.0%，同比持平；无III类水质断面，同比下降 12.5 个百分点；IV 类占 50.0%，同比上升 12.5 个百分点；V 类占 12.5%，同比上升 12.5 个百分点；劣 V 类占 12.5%，同比下降 12.5 个百分点。与上年相比，水质无明显变化。主要污染指标为化学需氧量、五日生化需氧量和高锰酸盐指数。吉—辽交界的条子河四平林家断面污染较重。

辽河流域国控断面涉及的 14 个城市河段中，无 I 类水质河段，与上年相同；II 类水质河段占 14.3%，同比持平；无III类水质河段，同比下降 7.1 个百分点；IV 类占 71.5%，同比持平；V 类占 7.1%，同比持平；劣 V 类占 7.1%，同比上升 7.1 个百分点。其中，浑河辽宁沈阳段为重度污染。

3.3.2.7.2　水质月际变化

2014 年，辽河流域 1—11 月为轻度污染，12 月为中度污染。

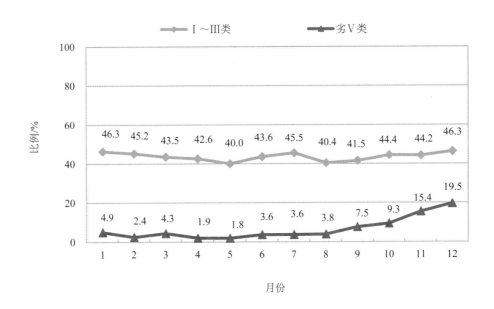

图 3-66　2014 年辽河流域水质类别月际变化

3.3.2.7.3　主要超标指标

2014 年，辽河流域化学需氧量、五日生化需氧量和石油类超标较重，断面超标率分别为 42.6%、38.2% 和 31.5%。

表 3-20　2014 年辽河流域超标指标情况

指标	统计断面数/个	年均值断面超标率/%	年均值范围/（mg/L）	年均值超标最高断面及超标倍数 断面名称	超标倍数
化学需氧量	54	42.6	未检出～42.4	条子河四平市林家	1.1
五日生化需氧量	55	38.2	1.0～9.4	蒲河沈阳市蒲河沿	1.4
石油类	54	31.5	未检出～0.215	辽河盘锦市兴安	3.3
氨氮	55	25.5	0.01～14.5	条子河四平市林家	13.5
高锰酸盐指数	55	25.5	1.2～8.6	西辽河通辽市苏家堡	0.4
总磷	54	22.2	0.01～0.74	条子河四平市林家	2.7
挥发酚	55	9.1	未检出～0.012	东辽河四平市城子上	1.4
氟化物	55	3.6	未检出～1.37	西辽河四平市西辽河大桥	0.4

3.3.2.8　浙闽片河流

3.3.2.8.1　水质状况

2014 年，浙闽片河流 45 个国控断面中，Ⅰ类水质断面占 6.7%，同比上升 2.2 个百分点；Ⅱ类占 26.7%，同比下降 15.5 个百分点；Ⅲ类占 51.1%，同比上升 11.1 个百分点；Ⅳ类占 11.1%，同比下降 2.2 个百分点；Ⅴ类占 4.4%，同比上升 4.4 个百分点；无劣Ⅴ类水质断面，与上年相同。与上年相比，水质无明显变化。

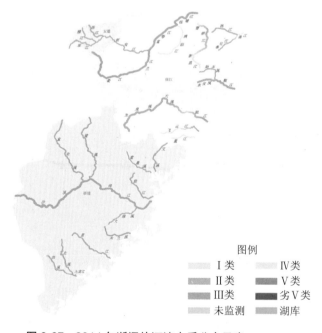

图 3-67　2014 年浙闽片河流水质分布示意

浙江境内河流 24 个国控断面中，I 类水质断面占 12.5%，同比上升 4.2 个百分点；II 类占 29.2%，同比下降 12.5 个百分点；III类占 37.5%，同比上升 4.2 个百分点；IV类占 20.8%，同比上升 4.1 个百分点；无 V 类和劣 V 类水质断面，与上年相同。与上年相比，水质无明显变化。

福建境内河流 17 个国控断面中，II 类水质断面占 11.8%，同比下降 23.5 个百分点；III类占 76.5%，同比上升 23.6 个百分点；无IV类水质断面，同比下降 11.8 个百分点；V 类占 11.7%，同比上升 11.7 个百分点；无 I 类和劣 V 类水质断面，与上年相同。与上年相比，水质无明显变化。

安徽境内河流 4 个国控断面均为 II 类和III类水质。与上年相比，水质无明显变化。

皖—浙交界的新安江杭州街口断面水质为优。与上年相比，水质无明显变化。

浙闽片河流国控断面涉及的 11 个城市河段中，II 类水质河段占 9.1%，同比下降 27.3 个百分点；III类占 63.6%，同比上升 27.3 个百分点；IV类占 18.2%，同比下降 9.1 个百分点；V 类占 9.1%，同比上升 9.1 个百分点；无 I 类和劣 V 类水质河段。

3.3.2.8.2 水质月际变化

2014 年，浙闽片河流 1 月为轻度污染，其他月份水质均为良好。

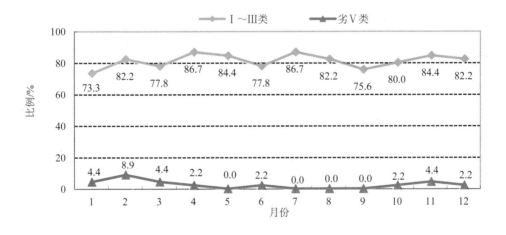

图 3-68 2014 年浙闽片河流水质类别月际变化

3.3.2.8.3 主要超标指标

2014 年，浙闽片河流石油类、化学需氧量、总磷和五日生化需氧量超标相对较重，断面超标率分别为 8.9%、4.5%、4.4% 和 4.4%。

表 3-21　2014 年浙闽片河流超标指标情况

指标	统计断面数/个	年均值断面超标率/%	年均值范围/（mg/L）	年均值超标最高断面及超标倍数	
				断面名称	超标倍数
石油类	45	8.9	未检出～0.3	甬江宁波市三江口	5.0
化学需氧量	44	4.5	未检出～32.0	木兰溪莆田市三江口	0.6
总磷	45	4.4	0.01～0.275	木兰溪莆田市三江口	0.4
五日生化需氧量	45	4.4	0.36～4.97	木兰溪莆田市三江口	0.2
氨氮	45	2.2	未检出～1.51	九龙江厦门市河口	0.5
高锰酸盐指数	45	2.2	1.0～7.9	木兰溪莆田市三江口	0.3

3.3.2.9　西北诸河

3.3.2.9.1　水质状况

2014 年，西北诸河 51 个国控断面中，Ⅰ类水质断面占 3.9%，同比下降 5.9 个百分点；Ⅱ类占 84.3%，同比上升 2.0 个百分点；Ⅲ类占 9.8%，同比上升 3.9 个百分点；劣Ⅴ类占 2.0%，同比持平；无Ⅳ类和Ⅴ类水质断面，与上年相同。与上年相比，水质无明显变化。

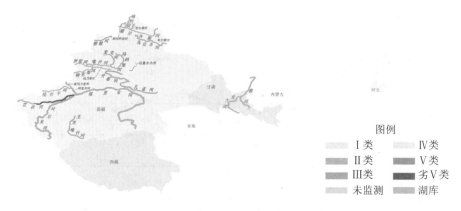

图 3-69　2014 年西北诸河水质分布示意

新疆境内河流 46 个国控断面中，无Ⅰ类水质断面，同比下降 6.5 个百分点；Ⅱ类占 86.9%，同比下降 0.1 个百分点；Ⅲ类占 10.9%，同比上升 6.6 个百分点；劣Ⅴ类占 2.2%，同比持平；无Ⅳ类和Ⅴ类水质断面，与上年相同。与上年相比，水质无明显变化。

甘肃境内河流 4 个国控断面均为Ⅰ类和Ⅱ类水质。与上年相比，水质无明显变化。

青海境内河流 1 个国控断面为Ⅰ类水质。与上年相比，水质无明显变化。

青—甘交界的黑河海北黄藏寺断面水质为优。与上年相比，水质无明显变化。

西北诸河国控断面涉及的 7 个城市河段中，无Ⅰ类水质河段，同比下降 14.3 个百分点；Ⅱ类占 71.4%，同比上升 14.3 个百分点；Ⅲ类占 14.3%，同比持平；Ⅳ类占 14.3%，同比持平；无Ⅴ类和劣Ⅴ水质断面，与上年相同。其中，克孜河新疆喀什段为重度污染。

3.3.2.9.2 水质月际变化

2014 年，西北诸河 1—12 月水质均为优。

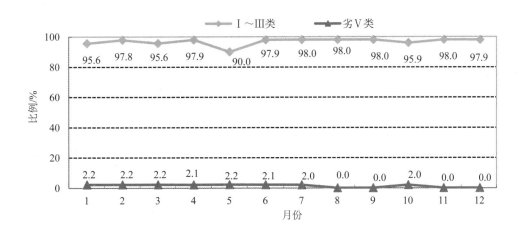

图 3-70 2014 年西北诸河水质类别月际变化

3.3.2.9.3 主要超标指标

2014 年，西北诸河仅克孜河喀什地区十二医院断面氨氮、总磷和化学需氧量超标，断面超标率均为 2.0%。

表 3-22 2014 年西北诸河超标指标情况

指标	统计断面数/个	年均值断面超标率/%	年均值范围/（mg/L）	年均值超标最高断面及超标倍数	
				断面名称	超标倍数
氨氮	51	2.0	0.018～3.26	克孜河喀什地区十二医院	2.3
总磷	51	2.0	未检出～0.325	克孜河喀什地区十二医院	0.6
化学需氧量	51	2.0	3.1～29.1	克孜河喀什地区十二医院	0.5

3.3.2.10 西南诸河

3.3.2.10.1 水质状况

2014 年，西南诸河 31 个国控断面中，无 I 类水质断面，与上年相同；II 类占 67.8%，同比上升 0.1 个百分点；III 类占 25.8%，同比下降 6.5 个百分点；无 IV 类水质断面，与上年相同；V 类占 3.2%，同比上升 3.2 个百分点；劣 V 类占 3.2%，同比上升 3.2 个百分点。与上年相比，水质无明显变化。

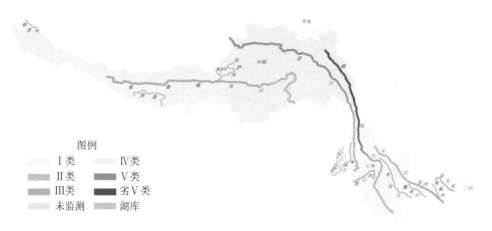

图 3-71　2014 年西南诸河水质分布示意

西藏境内河流 10 个国控断面中，II 类水质断面占 40.0%，同比下降 30.0 个百分点；III 类占 40.0%，同比上升 10.0 个百分点；无IV类水质断面，与上年相同；V 类占 10.0%，同比上升 10.0 个百分点；劣 V 类占 10.0%，同比上升 10.0 个百分点。与上年相比，水质有所下降。

云南境内河流 21 个国控断面均为 II 类和III类水质。II 类水质断面占 81.0%，同比上升 14.3 个百分点；III 类占 19.0%，同比下降 14.3 个百分点。与上年相比，水质无明显变化。

藏—滇交界的澜沧江芒康曲孜卡断面为重度污染，主要污染指标为总磷。与上年相比，水质明显变差。

西南诸河国控断面涉及的 12 个城市河段均为 II 类和III类水质。II 类水质断面占 75.0%，同比上升 8.3 个百分点；III 类占 25.0%，同比下降 8.3 个百分点。

3.3.2.10.2　水质月际变化

2014 年，西南诸河 1—12 月水质均为优良。

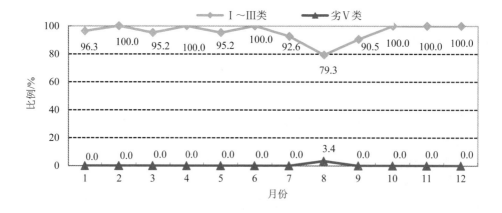

图 3-72　2014 年西南诸河水质类别月际变化

3.3.2.10.3 主要超标指标

2014 年，西南诸河仅澜沧江西藏芒康曲孜卡断面总磷超标，断面超标率为 6.4%。

表 3-23 2014 年西南诸河超标指标情况

指标	统计断面数/个	年均值断面超标率/%	年均值范围/(mg/L)	年均值超标最高断面及超标倍数	
				断面名称	超标倍数
总磷	31	6.4	0.03～0.66	澜沧江芒康曲孜卡	2.3

3.3.2.11 南水北调

3.3.2.11.1 南水北调（东线）

2014 年，南水北调（东线）长江取水口夹江扬州三江营断面为Ⅲ类水质。输水干线京杭运河里运河段、宝应运河段、宿迁运河段、鲁南运河段、韩庄运河段和梁济运河段水质均为良好。与上年相比，水质无明显变化。

洪泽湖湖体为中度污染，主要污染指标为总磷；营养状态为轻度富营养。与上年相比，水质无明显变化。

骆马湖湖体水质良好，营养状态为中营养。汇入骆马湖的沂河水质良好。与上年相比，水质均无明显变化。

南四湖湖体水质良好，营养状态为中营养。与上年相比，水质无明显变化。汇入南四湖的 11 条河流中，洙赵新河为重度污染，其他河流水质均为优良。与上年相比，洙赵新河水质明显下降，其他河流水质均无明显变化。

东平湖湖体水质良好，营养状态为中营养。汇入东平湖的大汶河水质良好。与上年相比，水质无明显变化。

表 3-24 2014 年南水北调（东线）主要河流水质状况

河流类别	河流名称	断面名称	所在地区	水质类别		主要污染指标（超标倍数）
				2014 年	2013 年	
取水口	夹江	三江营	扬州市	Ⅲ	Ⅲ	—
输水干线（京杭运河）	里运河段	槐泗河口	扬州市	Ⅲ	Ⅲ	—
	宝应运河段	宝应船闸	宝应县	Ⅲ	Ⅲ	—
	宿迁运河段	马陵翻水站	宿城区	Ⅲ	Ⅲ	—
	鲁南运河段	蔺家坝	铜山县	Ⅲ	Ⅲ	—
	韩庄运河段	台儿庄大桥	枣庄市	Ⅲ	Ⅲ	—
	梁济运河段	李集	济宁市	Ⅲ	Ⅲ	—

河流类别		河流名称	断面名称	所在地区	水质类别		主要污染指标（超标倍数）
					2014年	2013年	
控制河流	汇入骆马湖	沂河	港上桥	徐州市	III	—	—
		沿河	李集桥		II	—	—
		城郭河	群乐桥	枣庄市	III	—	—
		洙赵新河	于楼	菏泽市	劣V	IV	氨氮（1.1）、总磷（0.5）、BOD$_5$（0.4）
	汇入南四湖	老运河（济宁）	西石佛	济宁市	III	III	—
		光府河	东石佛		III	III	—
		泗河	尹沟		III	III	—
		白马河	马楼		III	III	—
		老运河微山段	老运河微山段		III	III	—
		西支河	入湖口		III	III	—
		东渔河	西姚		III	III	—
		洙水河	105公路桥		III	III	—
	汇入东平湖	大汶河	王台大桥	泰安市	III	III	—

表3-25 2014年南水北调（东线）主要湖泊水质状况

湖泊名称	所属省份	监测点位数	综合营养状态指数	营养状态	水质类别		主要污染指标（超标倍数）
					2014年	2013年	
洪泽湖	江苏	6	58.9	轻度富营养	V	V	总磷（1.5）
骆马湖		2	39.5	中营养	III	III	—
南四湖	山东	5	48.7	中营养	III	III	—
东平湖		2	46.4	中营养	III	III	—

2014年，南水北调（东线）主要河流1—12月水质均为优。

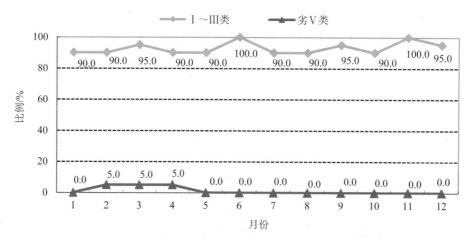

图3-73 2014年南水北调（东线）主要河流水质类别月际变化

2014 年，南水北调（东线）仅洙赵新河菏泽于楼断面氨氮、总磷和五日生化需氧量年均浓度分别超标 1.1 倍、0.5 倍和 0.4 倍。

3.3.2.11.2 南水北调（中线）

2014 年，丹江口水库水质为优，5 个点位均为Ⅱ类水质，总氮单独评价为Ⅳ类水质；营养状态为中营养。南水北调（中线）取水口陶岔断面为Ⅱ类水质。与上年相比，水质均无明显变化。

入丹江口水库的 9 条支流中，汉江、淇河、金钱河、天河、堵河、浪河、丹江和老灌河水质为优，官山河水质良好。与上年相比，水质均无明显变化。

表 3-26　2014 年南水北调（中线）主要河流水质状况

序号	河流名称	断面名称	所在地区	断面属性	水质类别		水质状况
					2014 年	2013 年	
1	引渠	陶岔	南阳市	取水口	Ⅱ	Ⅱ	优
2	汉江	烈金坝	汉中市		Ⅰ	Ⅰ	优
3		黄金峡	汉中市		Ⅱ	Ⅱ	
4		小钢桥	安康市		Ⅱ	Ⅱ	
5		老君关	安康市		Ⅱ	Ⅱ	
6		羊尾	十堰市	省界（陕—鄂）	Ⅱ	Ⅱ	
7		陈家坡	十堰市		Ⅱ	Ⅱ	
8		坝上	十堰市		Ⅰ	Ⅱ	
9	淇河	高湾	南阳市	入河口	Ⅱ	Ⅱ	优
10	金钱河	夹河	十堰市	入库口	Ⅱ	Ⅱ	优
11	天河	天河口	十堰市		Ⅱ	Ⅲ	优
12	堵河	焦家院	十堰市		Ⅱ	Ⅱ	优
13	官山河	孙家湾	十堰市		Ⅲ	Ⅲ	良好
14	浪河	浪河口	十堰市		Ⅱ	Ⅲ	优
15	丹江	构峪口	商洛市		Ⅱ	Ⅱ	优
16		丹凤下	商洛市		Ⅲ	Ⅲ	
17		荆紫关	南阳市	省界（陕—豫）	Ⅱ	Ⅲ	
18		史家湾	南阳市	入库口	Ⅱ	Ⅱ	
19	老灌河	张营	南阳市	入库口	Ⅱ	Ⅲ	优

表 3-27 2014 年南水北调（中线）源头丹江口水库水质状况

点位名称	所在地区	水质类别		主要污染指标（超标倍数）
		2014 年	2013 年	
五龙泉	南阳市	II	II	—
宋岗	南阳市	II	II	—
坝上中	十堰市	II	II	—
何家湾	十堰市	II	II	—
江北大桥	十堰市	II	II	—
总体水质		II	II	

2014 年，南水北调（中线）1—12 月水质均为优。

3.3.3 湖泊（水库）

2014 年，62 个国控重点湖泊（水库）中，水质优良的湖泊（水库）有 38 个，占 61.3%；轻度污染的 15 个，占 24.2%；中度污染的 4 个，占 6.4%；重度污染的 5 个，占 8.1%。主要污染指标为总磷、化学需氧量和高锰酸盐指数。与上年相比，各级别水质的湖泊（水库）比例均无明显变化。

除班公错外，其他 61 个湖泊（水库）开展了营养状态监测。其中，中度富营养状态的湖泊（水库）有 2 个，占 3.3%；轻度富营养状态的 13 个，占 21.3%；中营养状态的 36 个，占 59.0%；贫营养状态的 10 个，占 16.4%。

表 3-28 2014 年重点湖泊（水库）水质状况

分类	个数	优	良好	轻度污染	中度污染	重度污染	主要污染指标
"三湖"/个	3	0	0	2	0	1	
重要湖泊/个	32	6	8	10	4	4	总磷、
重要水库/个	27	12	12	3	0	0	化学需氧量、
总计/个	62	18	20	15	4	5	高锰酸盐指数
比例/%		29.0	32.3	24.2	6.4	8.1	

注："三湖"指太湖、巢湖和滇池。

专栏 3-6

湖泊（水库）营养状态评价参数为叶绿素 a（chla）、总磷（TP）、总氮（TN）、透明度（SD）和高锰酸盐指数（COD_{Mn}）5 项，评价方法及营养状态分级如下：

Ⅰ. 综合营养状态指数计算公式为

$$TLI(\Sigma) = \sum_{j=1}^{m} W_j \cdot TLI(j)$$

式中，$TLI(\Sigma)$——综合营养状态指数；

W_j——第 j 种参数的营养状态指数的相关权重；

$TLI(j)$——第 j 种参数的营养状态指数。

以叶绿素 a（chla）作为基准参数，则第 j 种参数的归一化的相关权重计算公式为

$$W_j = \frac{r_{ij}^2}{\sum_{j=1}^{m} r_{ij}^2}$$

式中，r_{ij}——第 j 种参数与基准参数叶绿素 a 的相关系数；

m——评价参数的个数。

叶绿素 a 与其他参数之间的相关关系 r_{ij} 及 r_{ij}^2 见下表。

湖泊（水库）部分参数与 chla 的相关关系 r_{ij} 及 r_{ij}^2 值

参数	chla	TP	TN	SD	COD_{Mn}
r_{ij}	1	0.84	0.82	−0.83	0.83
r_{ij}^2	1	0.705 6	0.672 4	0.688 9	0.688 9

Ⅱ. 营养状态指数计算公式为

（1）TLI（chla）=10（2.5+1.086 lnchla）

（2）TLI（TP）=10（9.436 +1.624 lnTP）

（3）TLI（TN）=10（5.453 +1.694 lnTN）

（4）TLI（SD）=10（5.118−1.94lnSD）

（5）TLI（COD_{Mn}）=10（0.109 +2.661 lnCOD_{Mn}）

式中，叶绿素 a 单位为 mg/m^3；透明度（SD）单位为 m；其他指标单位均为 mg/L。

Ⅲ. 湖泊营养状态分级

TLI（Σ）<30　　　　贫营养　　　　　30≤TLI（Σ）≤50　　　　中营养

TLI（Σ）>50　　　　富营养　　　　　50<TLI（Σ）≤60　　　　轻度富营养

60<TLI（Σ）≤70　　中度富营养　　　TLI（Σ）>70　　　　　重度富营养

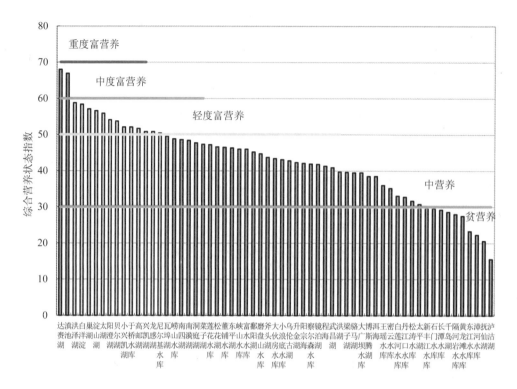

图 3-74　2014 年重点湖泊（水库）综合营养状态比较

3.3.3.1　太湖

3.3.3.1.1　湖体

2014 年，太湖湖体为轻度污染，主要污染指标为总磷和化学需氧量。与上年相比，水质无明显变化。其中，北部沿岸区、西部沿岸区、东部沿岸区、南部沿岸区和湖心区均为轻度污染。

表 3-29　2014 年太湖水质状况及营养状态

湖区	综合营养状态指数	营养状态	水质类别		主要污染指标（超标倍数）
			2014 年	2013 年	
北部沿岸区	56.2	轻度富营养	IV	IV	总磷（0.2）、化学需氧量（0.1）
西部沿岸区	59.9	轻度富营养	IV	V	总磷（1.0）、化学需氧量（0.2）
湖心区	56.2	轻度富营养	IV	IV	总磷（0.2）、化学需氧量（0.2）
东部沿岸区	50.8	轻度富营养	IV	IV	化学需氧量（0.06）
南部沿岸区	53.8	轻度富营养	IV	IV	总磷（0.06）、化学需氧量（0.04）
全湖	55.9	轻度富营养	IV	IV	总磷（0.2）、化学需氧量（0.1）

总氮单独评价的结果表明，全湖为Ⅴ类水质。其中，西部沿岸区为劣Ⅴ类水质，北部沿岸区、南部沿岸区和湖心区为Ⅴ类水质，东部沿岸区为Ⅳ类水质。

全湖为轻度富营养状态。其中，北部沿岸区、西部沿岸区、东部沿岸区、南部沿岸区和湖心区均为轻度富营养状态。

3.3.3.1.2　主要环湖河流

2014 年，太湖主要入湖河流中，百渎港为中度污染，乌溪河、大浦港、陈东港、洪巷港、殷村港、太滆运河和梁溪河均为轻度污染，其他主要入湖河流水质均为良好；主要出湖河流中，浒光河和苏东河水质均为良好，胥江和太浦河水质均为优；主要环湖河流中，上海塘和枫泾塘均为重度污染，吴淞江和广陈塘均为中度污染，京杭运河、千灯浦、澜溪塘和红旗塘均为轻度污染，朱厍港和荻塘水质均为良好。

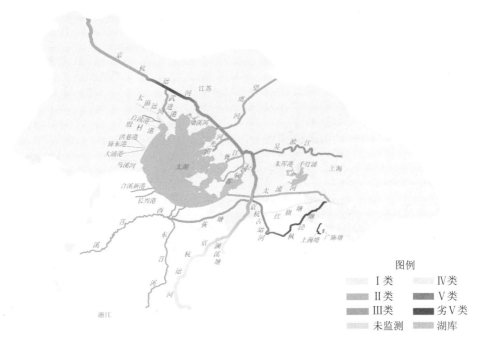

图 3-75　2014 年太湖流域主要环湖河流水质分布示意

3.3.3.2　巢湖

3.3.3.2.1　湖体

2014 年，巢湖湖体为轻度污染，主要污染指标为总磷和化学需氧量。与上年相比，水质无明显变化。其中，西半湖为中度污染，东半湖为轻度污染。

总氮单独评价的结果表明，全湖为Ⅴ类水质。其中，西半湖为劣Ⅴ类水质，东半湖为Ⅲ类水质。

全湖为轻度富营养状态。其中，西半湖为中度富营养状态，东半湖为轻度富营养状态。

表 3-30　2014 年巢湖水质状况及营养状态

湖区	综合营养状态指数	营养状态	水质类别		主要污染指标（超标倍数）
			2014 年	2013 年	
东半湖	50.5	轻度富营养	IV	IV	总磷（0.3）
西半湖	63.1	中度富营养	V	V	总磷（1.2）、化学需氧量（0.5）
全湖	57.1	轻度富营养	IV	IV	总磷（0.6）、化学需氧量（0.06）

3.3.3.2.2　主要环湖河流

2014 年，巢湖主要入湖河流中，南淝河、十五里河和派河均为重度污染，其他主要入湖河流水质均为良好；主要出湖河流裕溪河和主要环湖河流丰乐河水质均为良好。

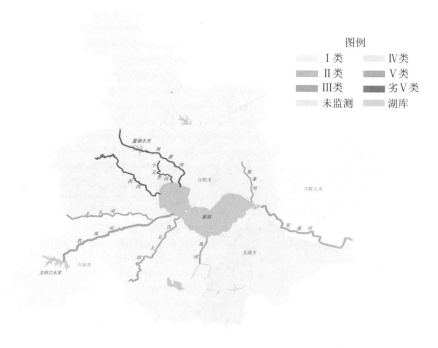

图 3-76　2014 年巢湖流域主要环湖河流水质分布示意

3.3.3.3　滇池

3.3.3.3.1　湖体

2014 年，滇池湖体为重度污染，主要污染指标为化学需氧量、总磷和高锰酸盐指数。其中，草海和外海均为重度污染。与上年相比，水质均无明显变化。

总氮单独评价的结果表明，全湖为劣 V 类水质。其中，草海和外海均为劣 V 类水质。

全湖为中度富营养状态。其中，草海为重度富营养状态，外海为中度富营养状态。

表 3-31　2014 年滇池水质状况及营养状态

湖区	综合营养状态指数	营养状态	水质类别		主要污染指标（超标倍数）
			2014 年	2013 年	
草海	72.6	重度富营养	劣Ⅴ	劣Ⅴ	总磷（3.3）、化学需氧量（1.9）、BOD$_5$（1.6）
外海	64.7	中度富营养	劣Ⅴ	劣Ⅴ	化学需氧量（2.5）、总磷（1.7）、高锰酸盐指数（0.6）
全湖	66.9	中度富营养	劣Ⅴ	劣Ⅴ	化学需氧量（2.4）、总磷（2.0）、高锰酸盐指数（0.6）

3.3.3.3.2　主要环湖河流

2014 年，滇池主要入湖河流中，新河、海河和西坝河均为重度污染，柴河、老运粮河、中河、乌龙河、船房河、大观河和捞渔河均为中度污染，宝象河、东大河和马料河均为轻度污染，盘龙江水质良好，洛龙河水质为优；主要环湖河流金汁河为中度污染。

图 3-77　2014 年滇池流域主要环湖河流水质分布示意

3.3.3.4　重要湖泊

2014 年，监测的 32 个重要湖泊中，达赉湖、白洋淀、乌伦古湖和程海（因背景原因）均为重度污染，洪泽湖、淀山湖、贝尔湖和龙感湖均为中度污染，阳澄湖、小兴凯湖、高邮湖、兴凯湖、洞庭湖、菜子湖、鄱阳湖、阳宗海、镜泊湖和博斯腾湖均为轻度污染，其他 14 个湖泊水质均为优良。与上年相比，班公错水质明显好转，淀山湖、贝尔湖和洱海水质均有所好转；高邮湖和龙感湖水质均有所下降。

总氮单独评价的结果表明，白洋淀和淀山湖均为劣V类水质，达赉湖、洪泽湖、南漪湖和洞庭湖均为V类水质，阳澄湖、龙感湖、菜子湖和鄱阳湖均为IV类水质，其他 22 个湖泊均为 I～III类水质。

监测营养状态的 31 个湖泊中，达赉湖为中度富营养状态，洪泽湖、白洋淀、淀山湖、阳澄湖、贝尔湖、小兴凯湖、高邮湖、兴凯湖和龙感湖均为轻度富营养状态，其他 21 个湖泊均为中营养或贫营养状态。

表 3-32　2014 年重要湖泊水质状况

序号	湖泊名称	所属省份	综合营养状态指数	营养状态	水质类别		主要污染指标（超标倍数）
					2014 年	2013 年	
1	达赉湖	内蒙古	68.0	中度富营养	劣V	劣V	化学需氧量（2.9）、高锰酸盐指数（1.5）、总磷（1.8）
2	洪泽湖	江苏	58.8	轻度富营养	V	V	总磷（1.5）
3	白洋淀	河北	58.4	轻度富营养	劣V	劣V	总磷（3.6）、氨氮（2.0）、化学需氧量（0.6）
4	淀山湖	上海	56.6	轻度富营养	V	劣V	总磷（1.4）、氨氮（0.05）
5	阳澄湖	江苏	54.1	轻度富营养	IV	IV	总磷（0.2）
6	贝尔湖	内蒙古	53.7	轻度富营养	V	劣V	化学需氧量（1.0）、高锰酸盐指数（0.4）、总磷（0.2）
7	小兴凯湖	黑龙江	52.1	轻度富营养	IV	IV	总磷（0.4）
8	高邮湖	江苏	51.7	轻度富营养	IV	III	总磷（0.08）
9	兴凯湖	黑龙江	50.8	轻度富营养	IV	IV	总磷（0.2）
10	龙感湖	安徽	50.8	轻度富营养	V	IV	总磷（1.5）、化学需氧量（0.02）
11	瓦埠湖	安徽	49.5	中营养	III	III	—
12	南四湖	山东	48.6	中营养	III	III	—
13	南漪湖	安徽	48.4	中营养	III	III	—
14	洞庭湖	湖南	47.7	中营养	IV	IV	总磷（0.7）
15	菜子湖	安徽	47.3	中营养	IV	IV	总磷（0.4）
16	东平湖	山东	46.3	中营养	III	III	—
17	鄱阳湖	江西	45.2	中营养	IV	IV	总磷（0.1）
18	斧头湖	湖北	43.7	中营养	II	II	—
19	乌伦古湖	新疆	42.8	中营养	劣V	劣V	化学需氧量（3.9）、氟化物（2.3）
20	升金湖	安徽	42.3	中营养	III	III	—
21	阳宗海	云南	42.1	中营养	IV	IV	砷（0.1）
22	镜泊湖	黑龙江	41.8	中营养	IV	IV	总磷（0.2）
23	程海	云南	41.3	中营养	劣V	劣V	氟化物（1.0）、pH、化学需氧量（0.3）
24	武昌湖	安徽	40.9	中营养	III	III	—
25	洪湖	湖北	39.7	中营养	II	II	—

序号	湖泊名称	所属省份	综合营养状态指数	营养状态	水质类别		主要污染指标（超标倍数）
					2014 年	2013 年	
26	梁子湖	湖北	39.6	中营养	Ⅱ	Ⅱ	—
27	骆马湖	江苏	39.5	中营养	Ⅲ	Ⅲ	—
28	博斯腾湖	新疆	38.5	中营养	Ⅳ	Ⅳ	化学需氧量（0.4）
29	洱海	云南	38.5	中营养	Ⅱ	Ⅲ	—
30	抚仙湖	云南	20.6	贫营养	Ⅰ	Ⅰ	—
31	泸沽湖	云南	15.6	贫营养	Ⅱ	Ⅱ	—
32	班公错	西藏	—	—	Ⅲ	劣Ⅴ	

3.3.3.5 重要水库

2014 年，监测的 27 个重要水库中，尼尔基水库、莲花水库和松花湖均为轻度污染，其他 24 个水库水质均为优良。与上年相比，大伙房水库水质有所好转。

总氮单独评价的结果表明，于桥水库、崂山水库、松花湖、大伙房水库和小浪底水库均为劣Ⅴ类水质，尼尔基水库、莲花水库、峡山水库、密云水库和丹江口水库均为Ⅳ类水质，其他 17 个水库均为Ⅰ～Ⅲ类水质。

监测营养状态的 27 个水库中，于桥水库和尼尔基水库均为轻度富营养状态，其他 25 个水库均为中营养或贫营养状态。

表 3-33　2014 年重要水库水质状况

序号	水库名称	所属省份	综合营养状态指数	营养状态	水质类别		主要污染指标（超标倍数）
					2014 年	2013 年	
1	于桥水库	天津	52.1	轻度富营养	Ⅲ	Ⅲ	—
2	尼尔基水库	黑龙江	50.4	轻度富营养	Ⅳ	Ⅳ	总磷（0.7）、高锰酸盐指数（0.02）
3	崂山水库	山东	48.8	中营养	Ⅲ	Ⅲ	—
4	莲花水库	黑龙江	47.2	中营养	Ⅳ	Ⅳ	总磷（0.9）
5	松花湖	吉林	46.6	中营养	Ⅳ	Ⅳ	总磷（0.3）
6	董铺水库	安徽	46.5	中营养	Ⅲ	Ⅲ	—
7	峡山水库	山东	46.0	中营养	Ⅲ	Ⅲ	—
8	富水水库	湖北	46.0	中营养	Ⅲ	Ⅲ	—
9	磨盘山水库	黑龙江	44.7	中营养	Ⅲ	Ⅲ	—
10	大伙房水库	辽宁	43.3	中营养	Ⅲ	Ⅳ	—
11	小浪底水库	河南	43.1	中营养	Ⅲ	Ⅲ	—
12	察尔森水库	内蒙古	41.9	中营养	Ⅲ	Ⅲ	—
13	大广坝水库	海南	39.5	中营养	Ⅲ	Ⅲ	—
14	王瑶水库	陕西	36.0	中营养	Ⅲ	Ⅲ	—
15	密云水库	北京	35.2	中营养	Ⅱ	Ⅱ	—
16	白莲河水库	湖北	33.1	中营养	Ⅲ	Ⅲ	—

序号	水库名称	所属省份	综合营养状态指数	营养状态	水质类别 2014 年	水质类别 2013 年	主要污染指标（超标倍数）
17	丹江口水库	河南、湖北	32.8	中营养	II	II	—
18	松涛水库	海南	31.7	中营养	II	II	—
19	太平湖	安徽	30.8	中营养	I	I	—
20	新丰江水库	广东	29.9	贫营养	I	I	—
21	石门水库	陕西	29.6	贫营养	II	II	—
22	长潭水库	浙江	29.2	贫营养	I	I	—
23	千岛湖	浙江	28.6	贫营养	I	I	—
24	隔河岩水库	湖北	28.0	贫营养	II	II	—
25	黄龙滩水库	湖北	27.5	贫营养	II	II	—
26	东江水库	湖南	23.3	贫营养	I	I	—
27	漳河水库	湖北	22.3	贫营养	I	I	—

3.3.3.6 "三湖一库"水华监测

3.3.3.6.1 太湖

（1）饮用水水源地

太湖沙渚饮用水水源地水体综合营养状态指数为 47.4～62.0，呈中营养～中度富营养状态，其中中营养、轻度富营养和中度富营养状态比例分别为 25.5%、72.5%和 2.0%。金墅港和渔洋山点位因缺少透明度数据未评价水体营养状态。与上年相比，沙渚呈中营养状态的频次比例上升 10.0 个百分点，轻度富营养和中度富营养状态的频次比例均下降 5.0 个百分点。

沙渚、金墅港和渔洋山藻类密度范围分别为 122 万～4 458 万个/L、59 万～976 万个/L 和 43 万～516 万个/L，平均值分别为 928 万个/L、318 万个/L 和 180 万个/L。与上年相比，沙渚和金墅港藻类密度平均值分别上升 544 万个/L 和 58 万个/L，渔洋山下降 73 万个/L。

根据藻类密度判断，沙渚饮用水水源地水华程度为"无明显水华"～"轻度水华"，金墅港和渔洋山水华程度为"无明显水华"～"轻微水华"。沙渚"无明显水华"出现频次比例为 4.9%，"轻微水华"为 63.4%，"轻度水华"为 31.7%；金墅港"无明显水华"出现频次比例为 32.2%，"轻微水华"为 67.8%；渔洋山"无明显水华"出现频次比例为 65.0%，"轻微水华"为 35.0%。与上年相比，沙渚饮用水水源地"无明显水华"和"轻微水华"出现频次比例分别下降 21.9 个和 4.4 个百分点，"轻度水华"上升 31.7 个百分点；金墅港饮用水水源地"无明显水华"和"轻度水华"出现频次比例分别下降 14.2 个和 1.6 个百分点，"轻微水华"上升 15.8 个百分点；渔洋山饮用水水源地"无明显水华"出现频次比例上升 29.0 个百分点，"轻微水华"下降 29.0 个百分点。

从月际变化看，2014 年沙渚、金墅港和渔洋山饮用水水源地藻类密度在 7—8 月出现波动高峰。沙渚和金墅港藻类密度平均值在 7—8 月明显高于上年同期，渔洋山藻类密度低于上年同期。

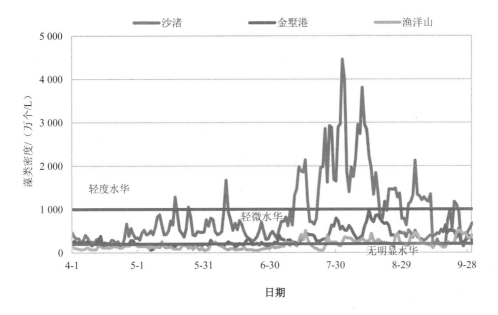

图 3-78 2014 年 4—9 月太湖饮用水水源地藻类密度情况

专栏 3-7

水质评价依据《地表水环境质量标准》(GB 3838—2002),超标率和超标倍数计算采用Ⅲ类水质标准;综合营养状态评价依据《地表水环境质量评价方法(试行)》(环办[2011]22号),具体内容参见"3.3 地表水水质"一章相关专栏。

---

(2)湖体

2014 年 4—9 月,太湖湖体 20 个监测点位综合营养状态指数为 34.4～63.0,呈中营养～中度富营养状态。其中中营养占 34.8%,轻度富营养占 61.5%,中度富营养占 3.7%。与上年相比,水体综合营养状态指数平均值下降 2.1,中营养状态出现频次比例上升 11.7 个百分点,轻度富营养和中度富营养状态出现频次比例分别下降 4.3 个和 7.1 个百分点。

2014 年 4—9 月,太湖湖体 20 个浮标站 183 天监测结果显示,全湖藻类密度为 283 万～1 727 万个/L,均值为 773 万个/L,比上年增加 63 万个/L。水华程度为"轻微水华"～"轻度水华",其中 9 次水华程度为"轻微水华",占总次数的 75.0%,比上年上升 35.0 个百分点;3 次水华程度为"轻度水华",占 25.0%,比上年下降 35.0 个百分点。

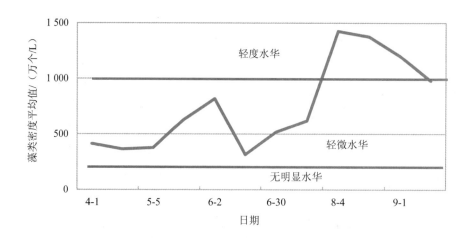

图 3-79 2014 年 4—9 月太湖湖体藻类密度情况

2014 年 4—9 月，利用卫星遥感技术共监测太湖蓝藻水华 183 次。根据水华面积判断，水华规模为"未见明显水华"～"局部性水华"。其中 118 次部分或全部水域被云覆盖，无法监测到有效水华，占总次数的 64.5%。其余 65 次中，6 次为"未见明显水华"，占 9.2%；55 次为"零星性水华"，占 84.6%；4 次为"局部性水华"，占 6.2%。监测到的最大规模蓝藻水华出现在 9 月 25 日，面积约 371 km^2，占太湖水域面积的 15.9%。

与上年相比，"未见明显水华"和"零星性水华"出现频次比例分别下降 2.7 个和 2.3 个百分点，"局部性水华"出现频次比例上升 5.1 个百分点。

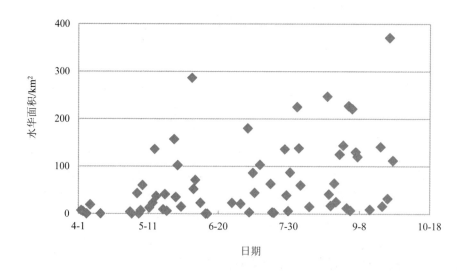

图 3-80 2014 年太湖遥感监测水华面积情况

3.3.3.6.2 巢湖

（1）营养状况

2014 年 4—9 月，巢湖湖体 12 个监测点位综合营养状态指数为 41.6～78.1，湖体呈中营养～重度富营养状态。其中中营养出现频次比例为 18.3%，轻度富营养为 45.5%，中度富营养为 32.3%，重度富营养为 3.8%。西半湖 6 个监测点位综合营养状态指数为 52.9～78.1，呈轻度富营养～重度富营养状态；东半湖 6 个监测点位综合营养状态指数为 41.6～65.5，呈中营养～中度富营养状态。

与上年相比，水体综合营养状态指数平均值上升 0.3，其中西半湖综合营养状态指数上升 1.4，东半湖下降 0.9。轻度富营养状态点位出现频次比例下降 9.0 个百分点，中营养、中度富营养和重度富营养状态比例分别上升 5.9 个、0.2 个和 2.9 个百分点。

（2）水华状况

2014 年 4—9 月，巢湖湖体藻类密度平均值为 39 万～2 019 万个/L，平均值为 513 万个/L，比上年上升 152 万个/L。其中西半湖 6 个点位藻类密度平均值为 60 万～3 129 万个/L，均值为 717 万个/L，比上年上升 247 万个/L；东半湖 6 个点位藻类密度为 18 万～1 165 万个/L，均值为 310 万个/L，比上年上升 51 万个/L。

湖体水华程度为"无明显水华"～"轻度水华"，以"轻微水华"为主，占 77.1%。与上年相比，"无明显水华"出现频次比例下降 10.0 个百分点，"轻微水华"和"轻度水华"分别上升 6.9 个和 3.1 个百分点。

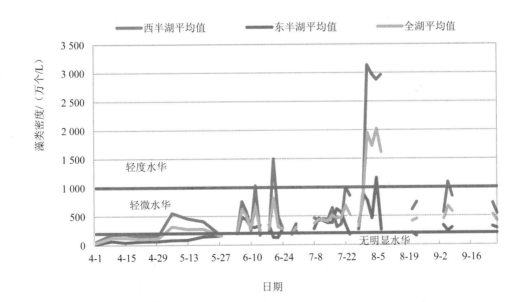

图 3-81 2014 年 4—9 月巢湖藻类密度情况

2014 年 4—9 月，利用卫星遥感技术监测巢湖蓝藻水华 183 次。结果显示，巢湖蓝藻水华规模为"未见明显水华"～"局部性水华"。其中，112 次部分或全部水域被云覆盖，无法监测到有效水华，占总次数的 61.2%。其余 71 次中，11 次为"未见明显水华"，占 15.5%；55 次为"零星性水华"，占 77.5%；5 次为"局部性水华"，占 7.0%。监测期内最大规模蓝藻水华出现在 8 月 15 日，面积约 197.9 km^2，占巢湖水域面积的 26.0%。

与上年相比，"未见明显水华"出现频次比例下降 29.1 个百分点，"零星性水华"和"局部性水华"出现频次比例分别上升 26.1 个和 3.0 个百分点。

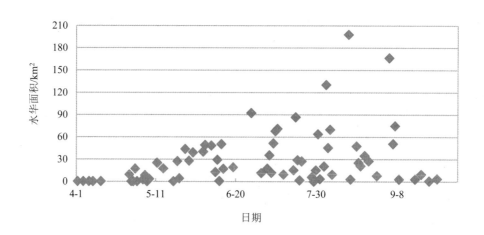

图 3-82　2014 年巢湖遥感监测水华面积情况

3.3.3.6.3　滇池

（1）营养状况

2014 年 4—9 月，滇池 10 个监测点位水体综合营养状态指数为 59.7～81.5，呈轻度富营养～重度富营养状态。其中轻度富营养、中度富营养和重度富营养出现频次比例分别为 0.7%、82.6% 和 16.7%。

与上年相比，水体综合营养状态指数下降 0.2，轻度富营养和中度富营养状态点位出现频次比例分别上升 3.0 个和 8.0 个百分点，重度富营养状态点位出现频次比例下降 29.0 个百分点。

（2）水华状况

2014 年 4—9 月，共对滇池监测 27 次，滇池 10 个监测点位藻类密度平均值为 1 066 万～9 286 万个/L，平均值为 5 174 万个/L，比上年下降 161 万个/L。

水体水华程度为"轻度水华"～"中度水华"。其中，"轻度水华"占 37.0%，"中度水华"占 63.0%。与上年相比，"轻度水华"出现频次比例下降 1.4 个百分点，"中度水华"出现频次比例上升 1.4 个百分点。

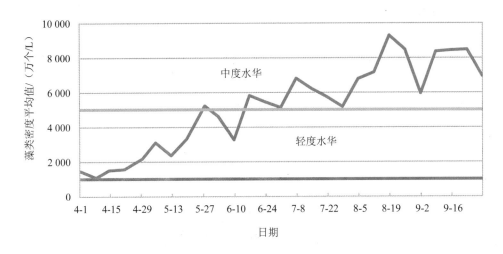

图 3-83 2014 年 4—9 月滇池藻类密度情况

2014 年 4—9 月，利用卫星遥感技术监测滇池蓝藻水华 53 次。结果显示，滇池蓝藻水华规模为"未见明显水华"～"局部性水华"。其中，36 次部分或全部水域被云覆盖，无法监测到有效水华，占总次数的 67.9%。其余 17 次中，10 次为"未见明显水华"，占 58.8%；6 次为"零星性水华"，占 35.3%；1 次为"局部性水华"，占 5.9%。监测期内最大规模蓝藻水华出现在 7 月 28 日，面积约 40.8 km^2，占滇池水域面积的 14.1%。

与上年相比，"未见明显水华"出现频次比例上升 58.8 个百分点，"零星性水华"和"局部性水华"出现频次比例分别下降 57.0 个和 1.8 个百分点。

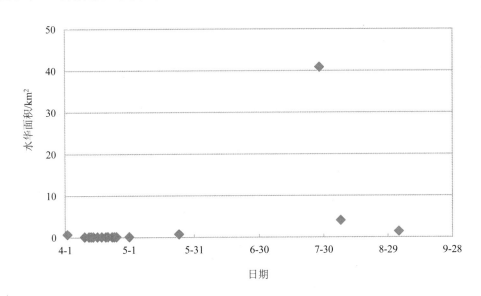

图 3-84 2014 年滇池遥感监测水华面积情况

3.3.3.6.4　三峡库区

（1）营养状况

2014 年 3—10 月，在三峡库区长江主要支流 77 个监测断面中，水体处于富营养状态的断面占监测断面总数的 29.4%，处于中营养状态的断面占 66.1%，处于贫营养状态的断面占 4.5%。与上年相比，贫营养和富营养断面比例分别上升 0.6 个和 2.8 个百分点，中营养断面比例下降 3.4 个百分点。

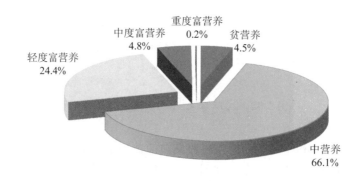

图 3-85　2014 年 3—10 月三峡库区水体综合营养状态各级别比例

2014 年 3—10 月，在三峡库区长江主要支流 40 个回水区断面中，水体处于富营养状态的断面占回水区断面总数的 34.7%，处于中营养状态的断面占 65.0%，处于贫营养状态的断面占 0.3%。与上年相比，中营养断面比例下降 2.2 个百分点，富营养断面比例上升 2.2 个百分点，贫营养断面比例持平。

在 37 个非回水区断面中，水体处于富营养状态的断面占非回水区断面总数的 23.6%，处于中营养状态的断面占 67.3%，处于贫营养状态的断面占 9.1%。与上年相比，贫营养和富营养断面比例分别上升 1.3 个和 3.3 个百分点，中营养断面比例下降 4.6 个百分点。

2014 年 3—10 月，三峡库区长江主要支流 77 个监测断面水体处于富营养状态的比例为 20.8%～37.7%，处于中营养状态的比例为 57.1%～75.3%，处于贫营养状态断面比例为 0～6.5%。其中回水区水体处于富营养状态的断面比例为 20.0%～45.0%，非回水区为 16.2%～29.7%，回水区富营养状况明显高于非回水区。

回水区总体富营养化程度较上年升高。其中 3 月、4 月、9 月和 10 月营养状况较上年同期变差，富营养断面比例分别上升 5.0 个、12.5 个、12.5 个和 7.5 个百分点；7 月和 8 月较上年同期变好，富营养断面比例分别下降 12.5 个和 7.5 个百分点；5—6 月与上年同期持平。

非回水区总体富营养化程度较上年升高。其中 4 月、6 月、9 月和 10 月营养状况较上年同期变差，富营养断面比例分别上升 10.8 个、10.8 个、5.4 个和 2.7 个百分点；8 月较上年同期变好，富营养断面比例下降 2.7 个百分点；3 月、5 月和 7 月与上年同期持平。

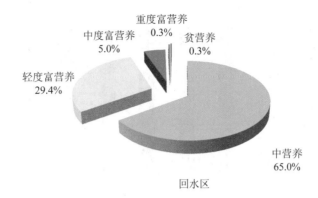

回水区

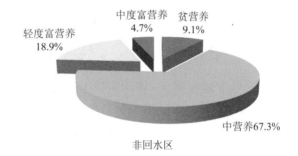

非回水区

图 3-86　2014 年 3—10 月三峡库区回水区、非回水区水体综合营养状态各级别比例

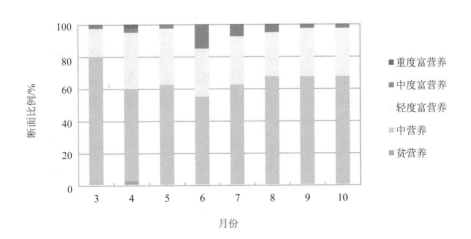

图 3-87　2014 年 3—10 月三峡库区长江主要支流回水区富营养状况

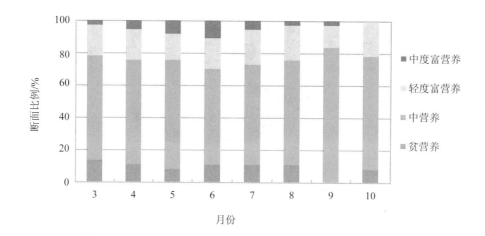

图 3-88　2014 年 3—10 月三峡库区长江主要支流非回水区富营养状况

（2）水华状况

2014 年 3—10 月巡查结果显示，三峡库区长江 38 条主要支流不同程度上存在水色异常情况。其中 4—6 月发生频率较高，其余各月未观察到水色异常情况。存在水色异常的河流主要包括万州区瀼渡河、石桥河、苎溪河，云阳县澎溪河，以及巫山县大溪河。

3.3.4　集中式饮用水水源地

2014 年，全国 329 个地级及以上城市（4 个城市未报送监测水量，无法统计城市水量达标率；5 个城市无监测能力，未报送水质监测数据）集中式饮用水水源地取水总量为 332.5 亿 t，涉及服务人口 3.26 亿人。其中，达标取水量为 319.9 亿 t，取水量达标率为 96.2%。

地表水水源地中，有 484 个水源地水质达标率为 100%，占 92.4%；40 个水源地存在不同程度的超标，占 7.6%。主要超标指标为总磷、锰和铁，总磷主要受生活污水和农业、养殖业影响，经水厂处理后可保证供水水质达标，铁、锰主要受原生地质条件影响。

地下水水源地中，有 303 个水源地水质达标率为 100%，占 87.3%；44 个水源地存在不同程度的超标，占 12.7%。主要超标指标为铁、锰和氨氮。

全国 329 个地级及以上城市中，有 278 个城市水质达标率为 100%，占 84.5%；26 个城市水质达标率在 80%～99% 之间，占 7.9%；9 个城市水质达标率在 50%～79% 之间，占 2.7%；5 个城市水质达标率在 1%～49% 之间，占 1.5%；11 个城市水质达标率为 0，占 3.3%。

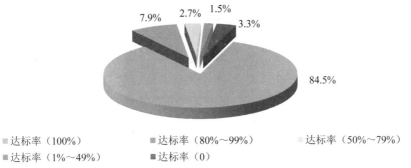

图 3-89　2014 年地级及以上城市饮用水水源地水质达标情况

专栏 3-8

全国地级及以上城市集中式饮用水水源地水质评价依据《地表水环境质量标准》(GB 3838—2002）和《地下水质量标准》(GB/T 14848—93）Ⅲ类标准或相应标准限值。采用单因子评价法，分为达标、不达标两类，即若水源地有一项指标超过Ⅲ类标准或相应标准限值，则该水源地为不达标水源，其取水量为不达标取水量。

3.4　近岸海域

3.4.1　水质状况

3.4.1.1　全国

2014 年，按照点位代表面积计算，一类海水面积为 87 025 km^2，二类为 112 031 km^2，三类为 16 921 km^2，四类为 19 385 km^2，劣四类为 45 650 km^2。

按照监测点位计算，一类海水点位占 28.6%，比上年上升 4.0 个百分点；二类占 38.2%，比上年下降 3.6 个百分点；三类占 7.0%，比上年下降 1.0 个百分点；四类占 7.6%，比上年上升 0.6 个百分点；劣四类占 18.6%，与上年持平。主要污染指标是无机氮和活性磷酸盐，部分近岸海域化学需氧量、石油类、pH、大肠菌群、氰化物、挥发酚和非离子氨超标。

专栏 3-9

近岸海域水质评价依据《海水水质标准》（GB 3097—1997）和《近岸海域环境监测规范》（HJ 442—2008）。评价指标为 pH、溶解氧、化学需氧量、生化需氧量、无机氮、非离子氨、活性磷酸盐、汞、镉、铅、六价铬、总铬、砷、铜、锌、硒、镍、氰化物、硫化物、挥发性酚、石油类、六六六、滴滴涕、马拉硫磷、甲基对硫磷、苯并[a]芘、阴离子表面活性剂和大肠菌群共 28 项。

采用单因子评价法，即某一测点海水中任一评价指标超过一类海水标准，该测点水质即为二类，超过二类海水标准即为三类，依此类推。

海水水质状况分级

水质类别比例	水质状况
一类≥60%且一类、二类≥90%	优
一类、二类≥80%	良好
一类、二类≥60%且劣四类≤30%，或一类、二类<60%且一至三类≥90%	一般
一类、二类<60%且劣四类≤30%，或30%<劣四类≤40%，或一类、二类<60%且一至四类≥90%	差
劣四类>40%	极差

超标率依据《海水水质标准》（GB 3097—1997）中的二类海水标准值计算。全国主要污染指标按点位超标率 10%以上确定，区域主要污染指标按点位超标率 5%以上的前三位确定。

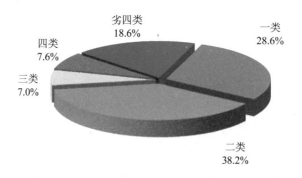

图 3-90　2014 年全国近岸海域水质类别比例

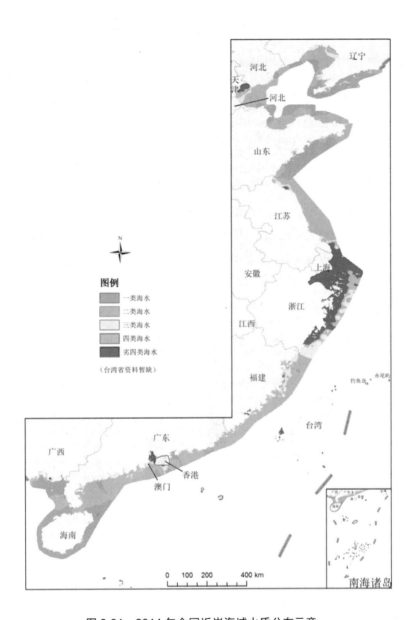

图 3-91　2014 年全国近岸海域水质分布示意

3.4.1.2　四大海区

渤海近岸海域水质一般。与上年相比，水质无明显变化。主要污染指标为无机氮和石油类。一类海水点位占 26.5%，比上年上升 14.3 个百分点；二类占 46.9%，比上年下降 4.1个百分点；三类占 6.2%，比上年下降 10.2 个百分点；四类占 14.3%，劣四类占 6.1%，均与上年持平。

黄海近岸海域水质良好。与上年相比，水质无明显变化。主要污染指标为无机氮。一类海水点位占 42.6%，比上年上升 13.0 个百分点；二类占 40.7%，比上年下降 14.9 个百分点；三类占 9.2%，比上年下降 3.7 个百分点；四类占 5.6%，比上年上升 3.7 个百分点；劣四类占 1.9%，比上年上升 1.9 个百分点。

东海近岸海域水质极差。与上年相比，水质无明显变化。主要污染指标为无机氮和活性磷酸盐。一类海水点位占 2.1%，比上年上升 2.1 个百分点；二类占 27.4%，比上年下降 3.1 个百分点；三类占 9.4%，比上年上升 2.0 个百分点；四类占 13.7%，比上年上升 1.1 个百分点；劣四类占 47.4%，比上年下降 2.1 个百分点。

南海近岸海域水质良好。与上年相比，水质无明显变化。主要污染指标为无机氮和活性磷酸盐。一类海水点位占 46.6%，比上年下降 3.9 个百分点；二类占 42.7%，比上年上升 1.9 个百分点；三类占 3.9%，比上年上升 2.0 个百分点；无四类海水，比上年下降 1.0 个百分点；劣四类占 6.8%，比上年上升 1.0 个百分点。

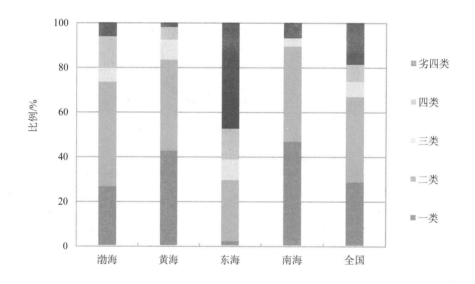

图 3-92　2014 年全国及四大海区近岸海域水质状况

3.4.1.3　重要海湾

2014 年，沿海 9 个重要海湾中，黄河口水质优，北部湾水质良好，胶州湾水质一般，渤海湾、辽东湾和闽江口水质差，长江口、杭州湾和珠江口水质极差。

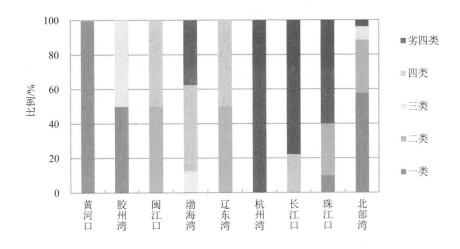

图 3-93　2014 年重要海湾水质状况

3.4.1.4　沿海省份

2014 年，沿海各省份近岸海域中，海南水质优，河北、山东、广东和广西水质良好，辽宁、江苏和福建水质一般，天津水质差，上海和浙江水质极差。

辽宁近岸海域水质一般。与上年相比，水质无明显变化。主要污染指标为无机氮和石油类。一类、二类海水点位占 78.5%，比上年上升 10.7 个百分点；三类、四类占 21.5%，比上年下降 10.7 个百分点；无劣四类海水，与上年持平。

河北近岸海域水质良好。与上年相比，水质无明显变化。主要污染指标为无机氮。一类、二类海水点位占 87.5%，三类占 12.5%，无四类和劣四类海水，均与上年持平。

天津近岸海域水质差。与上年相比，水质无明显变化。主要污染指标为无机氮和石油类。无一类海水，与上年持平；二类海水点位占 30.0%，比上年上升 10.0 个百分点；三类、四类占 40.0%，比上年下降 10.0 个百分点；劣四类占 30.0%，与上年持平。

山东近岸海域水质良好。与上年相比，水质无明显变化。一类、二类海水点位占 95.1%，三类、四类占 4.9%，无劣四类海水，均与上年持平。

江苏近岸海域水质一般。与上年相比，水质无明显变化。主要污染指标为无机氮和活性磷酸盐。一类、二类海水点位占 62.6%，比上年上升 0.1 个百分点；三类、四类占 31.1%，比上年下降 6.4 个百分点；劣四类占 6.3%，比上年上升 6.3 个百分点。

上海近岸海域水质极差。与上年相比，水质无明显变化。主要污染指标为无机氮和活性磷酸盐。无一类、二类海水，比上年下降 10.0 个百分点；三类、四类占 20.0%，与上年持平；劣四类占 80.0%，比上年上升 10.0 个百分点。

浙江近岸海域水质极差。与上年相比，水质无明显变化。主要污染指标为无机氮和活性磷酸盐。一类、二类海水点位占 4.0%，比上年下降 4.0 个百分点；三类、四类占 26.0%，比上年上升 10.0 个百分点；劣四类占 70.0%，比上年下降 6.0 个百分点。

福建近岸海域水质一般。与上年相比，水质无明显变化。主要污染指标为无机氮和活性磷酸盐。一类、二类海水点位占 74.3%，比上年上升 5.7 个百分点；三类、四类占 20.0%，比上年下降 5.7 个百分点；劣四类 5.7%，与上年持平。

广东近岸海域水质良好。与上年相比，水质无明显变化。主要污染指标为无机氮、活性磷酸盐和 pH。一类、二类海水点位占 84.6%，三类、四类占 3.9%，劣四类占 11.5%，均与上年持平。

广西近岸海域水质良好。与上年相比，水质有所下降。一类、二类海水点位占 86.3%，比上年下降 9.2 个百分点；三类、四类占 9.2%，比上年上升 4.7 个百分点；劣四类占 4.5%，比上年上升 4.5 个百分点。

海南近岸海域水质优。与上年相比，水质无明显变化。一类海水点位占 86.2%，比上年上升 6.9 个百分点；二类占 13.8%，比上年下降 6.9 个百分点；无三类、四类和劣四类海水，均与上年持平。

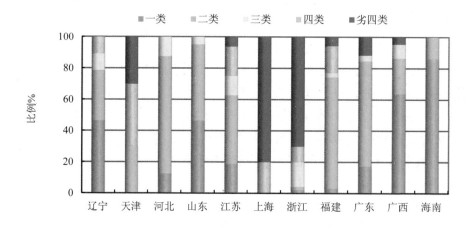

图 3-94 2014 年沿海省份近岸海域水质状况

3.4.1.5 沿海城市

2014 年，56 个沿海城中，昌江、澄迈、大连、儋州、东方、东营、葫芦岛、惠州、临高、陵水、琼海、三亚、万宁和文昌 14 个城市近岸海域水质优；北海、滨州、防城港、海口、江门、揭阳、茂名、莆田、秦皇岛、青岛、泉州、日照、汕头、汕尾、唐山、威海、潍坊、烟台、湛江、漳州和珠海 21 个城市近岸海域水质良好；沧州、丹东、锦州、南通、钦州、厦门、盐城和阳江 8 个城市近岸海域水质一般；福州、连云港、宁德、盘锦、天津和营口 6 个城市近岸海域水质差；嘉兴、宁波、上海、深圳、台州、温州和舟山 7 个城市近岸海域水质极差。

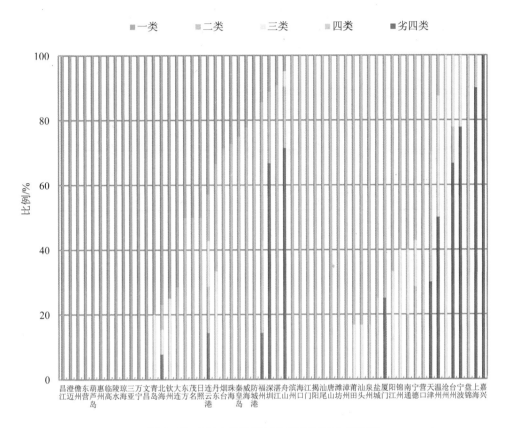

图例：■一类 ■二类 ■三类 ■四类 ■劣四类

图 3-95　2014 年沿海城市近岸海域水质状况

3.4.1.6　海水浴场

2014 年，对 27 个海水浴场开展了 383 个次的水质监测。水质为"优"的个次占 46.0%，比上年上升 2.7 个百分点；"良"的个次占 40.2%，比上年上升 3.1 个百分点；"一般"的个次占 12.0%，比上年下降 3.3 个百分点；"差"的个次占 1.8%，比上年下降 2.5 个百分点。主要污染指标为粪大肠菌群。

水质全部为"优"的浴场为威海国际海水浴场、日照海水浴场、珠海飞沙滩海滨浴场、三亚大东海和亚龙湾浴场；水质为"优"的比例超过 75% 的浴场为锦州孙家湾浴场和深圳小梅沙海滨浴场；水质出现"差"的浴场为青岛第一海水浴场、厦门曾厝垵浴场和深圳大梅沙海滨浴场，水质为"差"的比例分别为 17.7%、16.7% 和 13.3%。

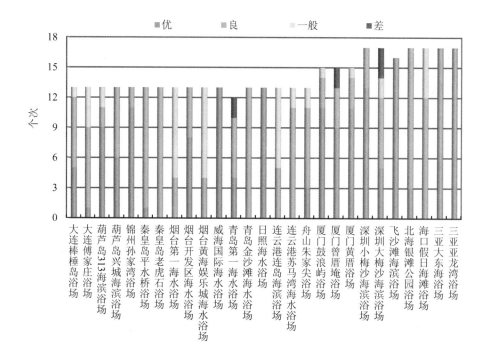

图 3-96　2014 年部分沿海城市海水浴场水质状况

3.4.2　超标指标

2014 年，全国近岸海域主要污染指标为无机氮和活性磷酸盐，部分海域 pH、石油类、化学需氧量、大肠菌群、氰化物、挥发酚和非离子氨超标。

四大海区近岸海域中，渤海主要污染指标为无机氮和石油类，黄海为无机氮，东海和南海均为无机氮和活性磷酸盐。

表 3-34　2014 年全国近岸海域水质超标指标

海区	主要污染指标（点位超标率）	其他超标指标（点位超标率）
全国	无机氮（31.2%）、活性磷酸盐（14.6%）	pH（2.0%）、石油类（1.7%）、化学需氧量（1.0%）、大肠菌群（1.0%）、氰化物（0.7%）、非离子氨（0.3%）、挥发酚（0.3%）
渤海	无机氮（22.4%）、石油类（6.1%）	—
黄海	无机氮（13.0%）	活性磷酸盐（3.7%）、pH（1.9%）
东海	无机氮（70.5%）、活性磷酸盐（36.8%）	化学需氧量（3.2%）
南海	无机氮（8.7%）、活性磷酸盐（6.8%）	pH（4.9%）、大肠菌群（2.9%）、石油类（1.9%）、氰化物（1.9%）、非离子氨（1.0%）、挥发酚（1.0%）

3.4.2.1　营养盐

3.4.2.1.1　无机氮

2014年，全国近岸海域无机氮点位超标率最高，为31.2%，比上年上升2.6个百分点。测值质量浓度为未检出～3.443 mg/L，平均质量浓度为0.376 mg/L，比上年略有上升；最高值出现在深圳近岸海域，超标10.5倍。

四大海区近岸海域中，渤海无机氮平均质量浓度为0.245 mg/L，点位超标率为22.4%；黄海无机氮平均质量浓度为0.193 mg/L，点位超标率为13.0%；东海无机氮平均质量浓度为0.561 mg/L，点位超标率为70.5%；南海无机氮平均质量浓度为0.196 mg/L，点位超标率为8.7%。

沿海各省份中，上海、浙江和天津近岸海域无机氮点位超标率超过40%，辽宁、福建、江苏、广东和河北超标率在10%～30%之间，山东、广西和海南均低于10%。

沿海城市中，沧州、嘉兴、宁波、盘锦、上海、台州、舟山、温州、天津、深圳、营口、福州、连云港、宁德和南通近岸海域无机氮点位超标率超过40%，厦门、青岛、莆田、泉州、汕头和北海超标率在10%～30%之间，其他沿海城市均低于10%。

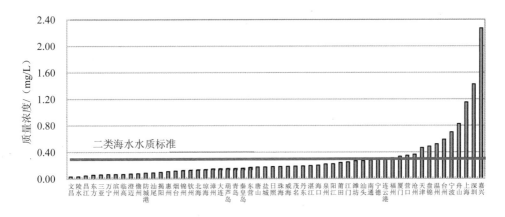

图 3-97　2014年全国沿海城市近岸海域海水无机氮平均质量浓度

3.4.2.1.2　活性磷酸盐

2014年，全国近岸海域活性磷酸盐点位超标率为14.6%，比上年下降1.0个百分点。测值质量浓度为未检出～0.119 mg/L，平均质量浓度为0.018 mg/L，与上年持平；最高值出现在深圳近岸海域，超标3.0倍。

四大海区近岸海域中，渤海活性磷酸盐平均质量浓度为0.012 mg/L，无超标点位；黄海活性磷酸盐平均质量浓度为0.013 mg/L，点位超标率为3.7%；东海活性磷酸盐平均质量浓度为0.025 mg/L，点位超标率为36.8%；南海活性磷酸盐平均质量浓度为0.011 mg/L，点位超标率为6.8%。

沿海省份中，浙江和上海近岸海域活性磷酸盐点位超标率超过40%，江苏、福建和广东在10%～40%之间，其他沿海省份均低于10%。

沿海城市中，嘉兴、上海、深圳、宁波和舟山近岸海域活性磷酸盐点位超标率超过40%，台州、宁德、温州、厦门、盐城、南通、泉州和福州在10%～30%之间，其他沿海城市均低于10%。

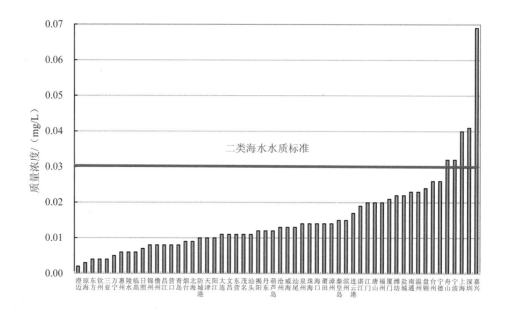

图 3-98　2014 年全国沿海城市近岸海域海水活性磷酸盐平均质量浓度

3.4.2.2　有机污染

3.4.2.2.1　化学需氧量

2014 年，全国近岸海域化学需氧量点位超标率为 1.0%，与上年持平。测值质量浓度为未检出～9.96 mg/L，平均质量浓度为 1.08 mg/L，比上年略有上升；最高值出现在舟山近岸海域，超标 1.8 倍。

四大海区近岸海域中，渤海化学需氧量平均质量浓度为 1.42 mg/L，无超标点位；黄海化学需氧量平均质量浓度为 1.28 mg/L，无超标点位；东海化学需氧量平均质量浓度为 1.00 mg/L，点位超标率为 3.2%；南海化学需氧量平均质量浓度为 1.00 mg/L，无超标点位。

沿海省份中，浙江近岸海域化学需氧量点位超标率为 6.0%，其他沿海省份均无超标点位。

沿海城市中，嘉兴和舟山近岸海域化学需氧量点位超标率分别为 33.3% 和 9.5%，其他沿海城市均无超标点位。

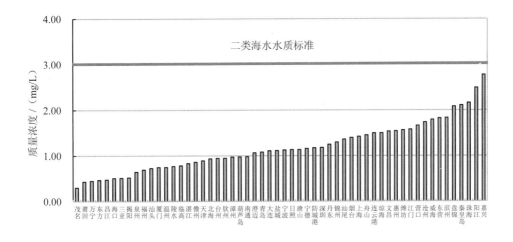

图 3-99　2014 年全国沿海城市近岸海域海水化学需氧量平均质量浓度

3.4.2.2.2　石油类

2014 年，全国近岸海域石油类点位超标率为 1.7%，比上年下降 0.3 个百分点。测值质量浓度为未检出～0.140 mg/L，平均质量浓度为 0.016 mg/L，与上年持平；最高值出现在阳江近岸海域，超标 1.8 倍。

四大海区近岸海域中，渤海石油类平均质量浓度为 0.025 mg/L，点位超标率为 6.1%；黄海石油类平均质量浓度为 0.014 mg/L，无超标点位；东海石油类平均质量浓度为 0.011 mg/L，无超标点位；南海石油类平均质量浓度为 0.018 mg/L，点位超标率为 1.9%。

沿海省份中，天津近岸海域石油类点位超标率超过 10%，其他省份均低于 10%。

沿海城市中，锦州近岸海域石油类点位超标率超过 40%，天津、汕头和阳江在 10%～40%之间，其他城市均无超标点位。

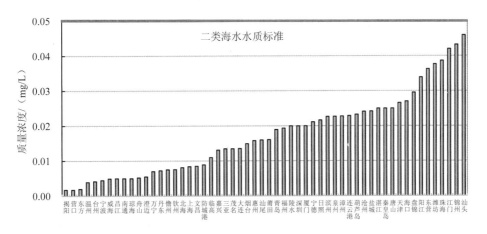

图 3-100　2014 年全国沿海城市近岸海域海水石油类平均质量浓度

3.4.2.3　其他指标

2014年，全国近岸海域pH点位超标率为2.0%。测值为7.20～8.72。深圳、丹东和钦州近岸海域pH有点位超标，点位超标率分别为44.4%、33.3%和25.0%。

全国近岸海域大肠菌群点位超标率为1.0%。测值质量浓度为未检出～24 000个/L。仅深圳近岸海域有超标点位，点位超标率为33.3%。

全国近岸海域氰化物点位超标率为0.7%。测值质量浓度为未检出～0.008 mg/L，平均质量浓度为 0.001 mg/L。深圳和阳江近岸海域有超标点位，点位超标率分别为 11.1%和33.3%。

全国近岸海域挥发酚点位超标率为0.3%。测值质量浓度为未检出～0.007 mg/L，平均质量浓度为0.000 8 mg/L。仅阳江近岸海域有超标点位，点位超标率为33.3%。

全国近岸海域非离子氨点位超标率为0.3%。测值质量浓度为未检出～0.029 mg/L，平均质量浓度为0.002 2 mg/L。仅深圳近岸海域有超标点位，点位超标率为11.1%。

溶解氧、铅、汞、铜、镉、砷、锌、生化需氧量、六价铬、总铬、硒、镍、硫化物、六六六、滴滴涕、马拉硫磷、甲基对硫磷、苯并[a]芘和阴离子表面活性剂均无超标点位。

3.4.3　直排海污染源

3.4.3.1　各类直排海污染源

2014年，415个直排海污染源污水排放总量约为63.11亿t。其中，化学需氧量为21.1万t、石油类为1 199 t、氨氮为1.48万t，总磷为3126 t，部分直排海污染源排放汞、六价铬、铅和镉等重金属。

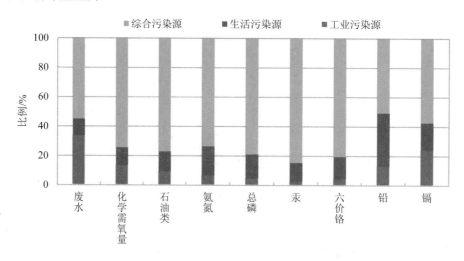

图3-101　2014年不同类型直排海污染源主要污染物排放情况

表 3-35 2014 年各类直排海污染源排放情况

项目 类别	废水/ 亿 t	COD$_{Cr}$/ 万 t	石油类/ t	氨氮/ 万 t	总磷/ t	汞/ kg	六价铬/ kg	铅/ kg	镉/ kg
工业	21.29	2.9	112	0.10	141	7	69	750	206
生活	7.08	2.5	162	0.29	514	36	244	2 097	161
综合	34.74	15.7	925	1.09	2 471	238	1 298	2 954	497
合计	63.11	21.1	1 199	1.48	3 126	281	1 611	5 801	864

3.4.3.2 污染物排入四大海区情况

2014 年，四大海区中，排入东海的污水量最多，为 38.37 亿 t，占 60.8%；排入渤海的污水量最少，为 2.99 亿 t，占 4.7%。

表 3-36 2014 年四大海区直排海污染源排放情况

海区	废水/亿 t	COD$_{Cr}$/万 t	石油类/t	氨氮/万 t	总磷/t
渤海	2.99	1.9	29.3	0.2	247.3
黄海	10.58	3.9	85.1	0.3	475.4
东海	38.37	11.6	853.9	0.6	1 351.8
南海	11.17	3.7	230.4	0.4	1 051.8
合计	63.11	21.1	1 198.7	1.5	3 126.3

3.4.3.3 各省直排海污染源排放情况

2014 年，沿海各省份中，福建的污水排放量最大，其次是浙江和广东；浙江的化学需氧量排放量最大，其次是福建和山东。

表 3-37 2014 年沿海省份直排海污染源排放情况

省份	废水/亿 t	化学需氧量/万 t	石油类/t	氨氮/万 t	总磷/t
辽宁	5.3	1.9	69.1	0.21	279.2
河北	0.7	0.2	0.0	0.03	92.3
天津	1.3	1.2	9.3	0.11	117.7
山东	5.9	2.2	29.2	0.13	200.4
江苏	0.4	0.2	6.9	0.02	33.1
上海	1.9	0.7	55.4	0.08	291.0
浙江	17.6	8.3	694.3	0.36	823.3
福建	18.9	2.6	104.1	0.11	237.5
广东	6.9	1.6	102.7	0.15	399.1
广西	1.6	1.2	58.5	0.13	491.8
海南	2.6	1.0	69.2	0.15	160.9

3.4.4 入海河流

3.4.4.1 水质

2014 年，198 个入海河流监测断面中，Ⅰ～Ⅲ类水质断面占 42.4%，比上年下降 4.1 个百分点；Ⅳ类、Ⅴ类占 39.4%，比上年上升 4.4 个百分点；劣Ⅴ类占 18.2%，比上年下降 0.3 个百分点。

表 3-38　2014 年全国及四大海区不同水质类别入海河流监测断面情况

海区	断面数/个					
	Ⅰ	Ⅱ	Ⅲ	Ⅳ	Ⅴ	劣Ⅴ
渤海	0	1	7	9	14	17
黄海	0	3	18	19	5	8
东海	0	2	10	6	5	2
南海	0	24	19	18	2	9
全国	0	30	54	52	26	36

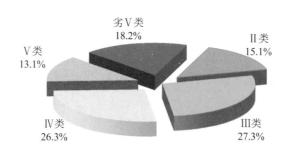

图 3-102　2014 年全国入海河流断面水质类别比例

2014 年，186 个明确了水质类别目标的入海河流断面中，断面达标率为 68.3%。渤海、黄海、东海和南海入海河流断面达标率分别为 56.3%、79.6%、60.0%和 71.9%。

表 3-39　2014 年全国及四大海区入海河流监测断面水质达标情况

海区	水质达标率/%					
	Ⅰ	Ⅱ	Ⅲ	Ⅳ	Ⅴ	合计
渤海	—	—	80.0	47.4	58.3	56.3
黄海	—	0.0	84.6	88.0	60.0	79.6
东海	—	0.0	64.3	62.5	100.0	60.0
南海	—	66.7	71.4	85.7	50.0	71.9
全国	—	44.4	72.8	71.2	59.5	68.3

3.4.4.2　超标指标

2014 年，198 个入海河流断面主要污染指标是化学需氧量、生化需氧量、总磷和高锰酸盐指数，部分断面氨氮、石油类、溶解氧、阴离子表面活性剂、挥发酚、氟化物和汞超标。

表 3-40　2014 年入海河流监测断面水质超标指标

海区	超标率>30%	30%≥超标率≥10%	超标率<10%
全国	化学需氧量（43.9%）、生化需氧量（35.9%）、总磷（34.3%）、高锰酸盐指数（31.8%）	氨氮（27.3%）、石油类（25.8%）、溶解氧（16.2%）	阴离子表面活性剂（8.6%）、挥发酚（5.1%）、氟化物（4.5%）、汞（1.5%）
渤海	化学需氧量（75.0%）、生化需氧量（72.9%）、高锰酸盐指数（52.1%）、石油类（52.1%）、氨氮（45.8%）、总磷（41.7%）	阴离子表面活性剂（16.7%）、挥发酚（12.5%）、溶解氧（10.4%）	氟化物（6.3%）
黄海	化学需氧量（56.6%）、总磷（43.4%）、高锰酸盐指数（41.5%）、生化需氧量（39.6%）	氨氮（24.5%）、石油类（22.6%）、溶解氧（15.1%）	氟化物（9.4%）、阴离子表面活性剂（9.4%）、挥发酚（7.5%）、汞（5.7%）
东海	总磷（32.0%）、石油类（32.0%）	化学需氧量（28.0%）、氨氮（24.0%）、生化需氧量（24.0%）、高锰酸盐指数（20.0%）、溶解氧（16.0%）	—
南海	—	总磷（23.6%）、溶解氧（20.8%）、化学需氧量（19.4%）、氨氮（18.1%）、高锰酸盐指数（15.3%）、生化需氧量（12.5%）	石油类（8.3%）、阴离子表面活性剂（5.6%）、氟化物（1.4%）

全国入海河流中，化学需氧量断面超标率最高，为 43.9%；测值质量浓度为未检出～285.0 mg/L，平均质量浓度为 22.8 mg/L。

生化需氧量断面超标率为 35.9%；测值质量浓度为未检出～126.0 mg/L，平均质量浓度为 4.1 mg/L。

总磷断面超标率为 34.3%；测值质量浓度为未检出～8.32 mg/L，平均质量浓度为 0.26 mg/L。

高锰酸盐指数断面超标率为 31.8%；测值质量浓度为 0.5～46.2 mg/L，平均质量浓度为 5.78 mg/L。

氨氮断面超标率为 27.3%；测值质量浓度为未检出～56.8 mg/L，平均质量浓度为 1.31 mg/L。

石油类断面超标率为 25.8%；测值质量浓度为未检出～2.11 mg/L，平均质量浓度为 0.054 mg/L。

溶解氧断面超标率为 16.2%；测值质量浓度为 0.11～19.0 mg/L，平均质量浓度为 6.56 mg/L。

3.5 城市声环境质量

3.5.1 城市区域声环境

3.5.1.1 全国

2014 年，全国共监测城市区域面积 25 536 km^2，区域环境噪声面积加权平均值为 54.1 dB（A）。327 个开展昼间监测的城市中，城市区域声环境质量为一级的城市占 1.8%，二级的占 71.6%，三级的占 26.3%，四级的占 0.3%。与上年相比，监测城市总数增加了 11 个，城市区域声环境质量为一级、二级和五级的城市比例均有不同程度的下降，三级和四级的城市比例有所上升。

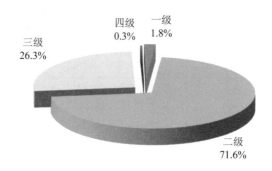

图 3-103 2014 年全国城市昼间区域声环境不同等级比例

表 3-41 全国城市昼间区域声环境质量年际比较

年份	城市总数/个	一级/%	二级/%	三级/%	四级/%	五级/%
2014	327	1.8	71.6	26.3	0.3	0.0
2013	316	2.8	74.1	22.8	0.0	0.3

3.5.1.2 省会城市

2014 年，全国 31 个省会城市共监测城市区域面积 9 339 km^2，区域环境噪声面积加权平均值为 54.5 dB（A）。区域声环境质量为一级的省会城市占 3.2%，二级的占 64.5%，三级的占 32.3%。与上年相比，城市区域声环境质量为一级、四级和五级的城市比例持平，二级的比例下降，三级的比例上升。

专栏 3-10

城市区域声环境质量评价依据《环境噪声监测技术规范/城市声环境常规监测》（HJ 640—2012）（城市区域环境噪声总体水平等级划分）。

城市区域环境噪声总体水平等级划分　　　　　单位：dB（A）

等级	一级	二级	三级	四级	五级
昼间平均等效声级（S_d）	≤50.0	50.1～55.0	55.1～60.0	60.1～65.0	>65.0
夜间平均等效声级（S_n）	≤40.0	40.1～45.0	45.1～50.0	50.1～55.0	>55.0

城市道路交通声环境质量评价依据《环境噪声监测技术规范/城市声环境常规监测》（HJ 640—2012）（道路交通噪声强度等级划分）。

道路交通噪声强度等级划分　　　　　单位：dB（A）

等级	一级	二级	三级	四级	五级
昼间平均等效声级（L_d）	≤68.0	68.1～70.0	70.1～72.0	72.1～74.0	>74.0
夜间平均等效声级（L_n）	≤58.0	58.1～60.0	60.1～62.0	62.1～64.0	>64.0

城市功能区声环境质量评价依据《声环境质量标准》（GB 3096—2008）。

声环境质量标准（GB 3096—2008）　　　　　单位：dB（A）

功能区	0 类	1 类	2 类	3 类	4a 类	4b 类 *
昼间	≤50	≤55	≤60	≤65	≤70	≤70
夜间	≤40	≤45	≤50	≤55	≤55	≤60

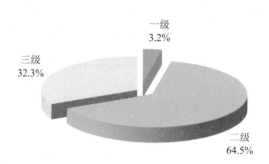

图 3-104 2014 年省会城市昼间区域声环境等级比例

表 3-42 省会城市昼间区域声环境质量年际比较

年份	城市总数/个	一级/%	二级/%	三级/%	四级/%	五级/%
2014	31	3.2	64.5	32.3	0.0	0.0
2013	31	3.2	71.0	25.8	0.0	0.0

3.5.2 城市道路交通声环境

3.5.2.1 全国

2014 年，全国共监测道路长度 34 256 km，全国城市昼间道路交通噪声长度加权平均值为 66.9 dB（A）。325 个开展昼间监测的城市中，城市道路交通噪声为一级的城市占 68.9%，二级的占 28.1%，三级的占 1.8%，四级的占 0.9%，五级的占 0.3%。与上年相比，监测城市总数增加 9 个，城市道路交通噪声强度为一级、四级和五级的城市比例均有不同程度的下降，二级和三级的城市比例均有所上升。

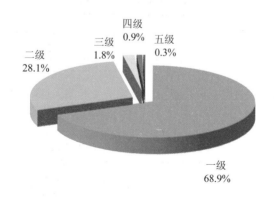

图 3-105 2014 年全国城市昼间道路交通噪声等级比例

表 3-43 全国城市昼间道路交通声环境质量年际比较

年份	城市总数/个	一级/%	二级/%	三级/%	四级/%	五级/%
2014	325	68.9	28.1	1.8	0.9	0.3
2013	316	74.4	23.4	0.6	1.0	0.6

3.5.2.2 省会城市

2014 年，31 个省会城市共监测道路长度 9 668 km，昼间道路交通噪声长度加权平均值为 68.3 dB（A），高于全国平均值。其中，昼间道路交通噪声强度为一级的城市占 35.5%，二级的占 64.5%。与上年相比，昼间道路交通噪声强度为一级的城市比例下降，二级的城市比例上升。

表 3-44 省会城市昼间道路交通声环境质量年际比较

年份	城市总数/个	一级/%	二级/%	三级/%	四级/%	五级/%
2014	31	35.5	64.5	0.0	0.0	0.0
2013	31	51.6	48.4	0.0	0.0	0.0

3.5.3 城市功能区声环境

3.5.3.1 全国

2014 年，全国 296 个地级及以上城市各类功能区昼间达标 8 792 点次，占昼间监测点次的 91.3%；夜间达标 6 908 点次，占夜间监测点次的 71.8%。与上年相比，0 类功能区昼间和夜间达标率分别上升 11.0 个和 14.5 个百分点；1 类功能区昼间达标率基本持平，夜间达标率上升 0.9 个百分点；2 类功能区昼间达标率上升 0.6 个百分点，夜间达标率下降 1.1 个百分点；3 类功能区昼间和夜间达标率分别下降 0.8 个和 1.2 个百分点；4a 类功能区昼间达标率基本持平，夜间达标率上升 1.8 个百分点；4b 类功能区无往年监测数据，未进行统计。

表 3-45 全国城市各类功能区达标情况年际比较

年份	项目	0 类		1 类		2 类		3 类		4a 类		4b 类	
		昼	夜	昼	夜	昼	夜	昼	夜	昼	夜	昼	夜
2014	达标点次	87	69	1 988	1 640	2 798	2 445	1 816	1 633	2 036	1 097	67	24
	监测点次	113	113	2 279	2 279	3 062	3 062	1 882	1 882	2 221	2 221	68	68
	达标率/%	77.0	61.1	87.2	72.0	91.4	79.8	96.5	86.8	91.7	49.4	98.5	35.3
2013	达标率/%	66.0	46.6	87.0	71.1	90.8	80.9	97.3	88.0	91.9	47.6	—	—

3.5.3.2 省会城市

2014 年，31 个省会城市各类功能区共监测 3 010 点次，其中昼间、夜间各 1 505 点次。各类功能区昼间达标 1 291 点次，占昼间监测点次的 85.8%；夜间达标 912 点次，占夜间监测点次的 60.6%。与上年相比，0 类功能区昼间达标率下降 12.5 个百分点，夜间达标率上升 33.3 个百分点；1 类功能区昼间和夜间达标率均基本持平；2 类功能区昼间和夜间达标率分别上升 0.9 个和 2.0 个百分点；3 类功能区昼间下降 1.0 个百分点，夜间达标率基本持平；4a 类功能区昼间达标率下降 1.5 个百分点，夜间达标率上升 1.3 个百分点；4b 类功能区无往年监测数据，未进行统计。

表 3-46　省会城市各类功能区达标情况年际比较

年份	项目	0 类		1 类		2 类		3 类		4a 类		4b 类	
		昼	夜	昼	夜	昼	夜	昼	夜	昼	夜	昼	夜
2014	达标点次	9	8	244	184	508	406	257	223	268	91	5	0
	监测点次	24	24	287	287	569	569	270	270	350	350	5	5
	达标率/%	37.5	33.3	85.0	64.1	89.3	71.4	95.2	82.6	76.5	26.0	100.0	0.0
2013	达标率/%	50.0	0.0	85.0	63.9	88.4	69.4	96.2	83.0	78.0	24.7	—	—

3.6　生态环境质量

3.6.1　省域生态环境质量

2013 年[①]，全国生态环境状况指数（EI）值为 51.6，生态环境质量属于"一般"。浙江、福建、江西、广东、广西和海南 6 个省份生态环境质量"优"，占国土面积的 8.9%；辽宁、吉林、黑龙江、上海、江苏、安徽、河南、湖北、湖南、重庆、四川、贵州、云南和陕西 14 个省份生态环境质量"良"，占国土面积的 30.9%；北京、天津、河北、山西、内蒙古、山东、西藏、甘肃、青海和宁夏 10 个省份生态环境质量"一般"，占国土面积的 42.7%；新疆生态环境质量"较差"，占国土面积的 17.5%；没有生态环境质量"差"的省份。

生态环境质量"优"和"良"的省份主要分布在我国东部和南部地区，"一般"和"较差"的省份主要分布在中部和西部地区。

---

① 受相关部门数据收集时间所限，生态环境质量评价较其他环境要素滞后一年。

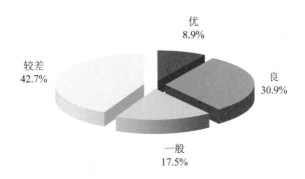

图 3-106 2013 年全国省域生态环境质量不同类型面积比例

专栏 3-11

生态环境状况评价依据《生态环境状况评价技术规范》(HJ 192—2015)。

生态环境状况分级

级别	优	良	一般	较差	差
指数	EI≥75	55≤EI＜75	35≤EI＜55	20≤EI＜35	EI＜20
描述	植被覆盖度高，生物多样性丰富，生态系统稳定	植被覆盖度较高，生物多样性较丰富，适合人类生活	植被覆盖度中等，生物多样性一般水平，较适合人类生活，但有不适合人类生活的制约性因子出现	植被覆盖较差，严重干旱少雨，物种较少，存在明显限制人类生活的因素	条件较恶劣，人类生活受到限制

生态环境状况变化分级

级别	无明显变化	略微变化	明显变化	显著变化
变化值	|ΔEI|＜1	1≤|ΔEI|＜3	3≤|ΔEI|＜8	|ΔEI|≥8

评价基本单元为县域，省域生态环境状况由县域生态环境状况指数面积加权计算获得。评价的归一化系数如下。

全国生态环境质量评价归一化系数表

生境质量指数	511.264 213 106 7	化学需氧量	4.393 739 728 9
植被覆盖指数	0.012 116 512 4	氨氮	40.176 475 498 6
河流长度	84.370 408 398 1	二氧化硫	0.064 866 028 7
水域面积	591.790 864 200 5	烟（粉）尘	4.090 445 932 1
水资源量	86.386 954 828 1	氮氧化物	0.510 304 927 8
土地胁迫指数	236.043 567 794 8	固体废物	0.074 989 428 3

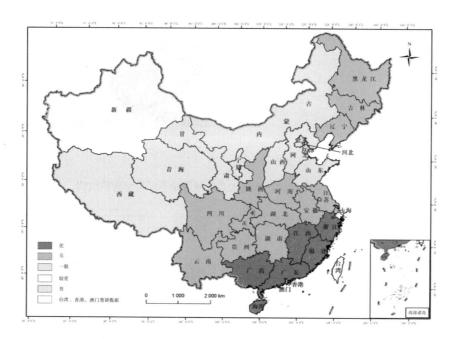

图 3-107 2013 年全国省域生态环境质量分布示意

与上年相比，2013 年我国生态环境质量"无明显变化"。生态环境状况指数值由 51.8 降至 51.6，下降 0.2。

省域生态环境状况指数变化幅度（ΔEI）为 -2.1～1.0。广东生态环境质量"略微变好"，占国土面积的 1.9%；内蒙古、浙江、湖北、湖南、重庆和宁夏生态环境质量"略微变差"，占国土面积的 18.7%；其他 24 个省域生态环境质量保持稳定，属"无明显变化"，占国土面积的 79.4%。

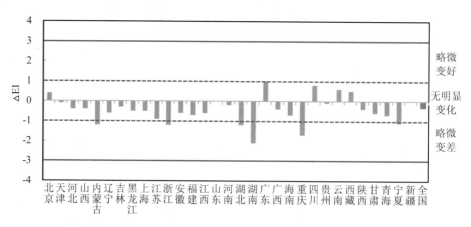

图 3-108 2013 年与上年相比省域生态环境质量变化情况

3.6.2 县域生态环境质量

2013 年，全国 2 461 个县（市、区）行政单元（以下简称县）中，558 个生态环境质量"优"，占国土面积的 17.4%；1 051 个生态环境质量"良"，占国土面积的 29.3%；641 个生态环境质量"一般"，占国土面积的 23.0%；196 个生态环境质量"较差"，占国土面积的 26.0%；15 个生态环境质量"差"，占国土面积的 4.3%。

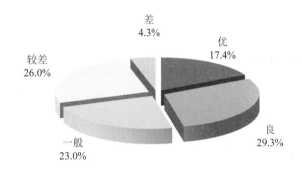

图 3-109 2013 年全国县域生态环境质量不同类型面积比例

生态环境质量"优"和"良"的县主要分布在秦岭淮河以南及东北的大小兴安岭和长白山地区；"一般"的县主要分布在华北平原、东北平原中西部、内蒙古中部、青藏高原等地区；"较差"和"差"的县主要分布在西北地区，如内蒙古西部、甘肃中西部、西藏西部以及新疆大部等。

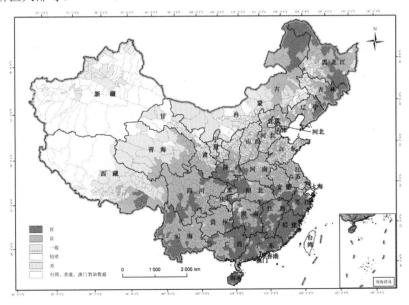

图 3-110 2013 年全国县域生态环境质量分布示意

与上年相比，2013年生态环境质量"优""良"和"较差"的县分别减少16个、4个和1个，占国土面积比例分别下降0.4个、0.9个和0.4个百分点；"一般"和"差"的县分别增加17个和4个，占国土面积比例分别上升1.0个和0.7个百分点。

2 461个县生态环境质量变化幅度（ΔEI）为-9.4～6.6。1 588个县生态环境质量"无明显变化"，占国土面积的76.7%。608个县生态环境质量"略微变化"，其中317个"略微变好"，占国土面积的9.0%；291个"略微变差"，占国土面积的7.0%。180个县生态环境质量"明显变化"，其中90个"明显变好"，占国土面积的2.7%；90个"明显变差"，占国土面积的1.9%。85个县生态环境质量"显著变化"，其中23个"显著变好"，占国土面积的0.3%；62个"显著变差"，占国土面积的2.4%。

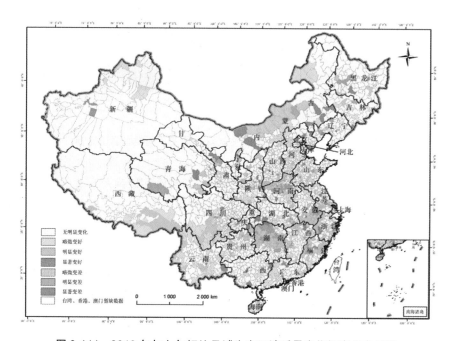

图3-111　2013年与上年相比县域生态环境质量变化幅度分布示意

3.6.3　重点生态功能区县域生态环境质量

2014年，512个国家重点生态功能区县域生态环境状况指数为19.66（河北张家口市桥东区）～78.91（四川宝兴县）。其中生态环境"脆弱"的县域有61个，占11.9%；"一般"的有157个，占30.7%；"良好"的有294个，占57.4%。

在空间分布格局上，生态环境"良好"的县域主要分布在大小兴安岭森林生态功能区、长白山森林生态功能区、青海三江源草原草甸湿地生态功能区、藏东南高原边缘森林生态功能区、川滇森林及生物多样性生态功能区、南水北调中线工程水源涵养生态功能区、武陵山区生物多样性及水土保持生态功能区、三峡库区水土保持生态功能区、南岭山地森林及生物多样性生态功能区和海南岛中部山区热带雨林生态功能区；生态环境"脆弱"的县域主要分布在新疆、内蒙古的防风固沙生态功能区以及黄土高原丘陵沟壑水土保持生态功能区，少数县域分布在三江平原湿地生态功能区、大小兴安岭森林生态功能区等水源涵养、生物多样性维护功能区。

防风固沙功能的 65 个县域生态环境状况指数为 19.66～72.41，平均值为 54.78。其中生态环境"脆弱"的县域有 23 个，占 35.4%；"一般"的有 16 个，占 24.6%；"良好"的有 26 个，占 40.0%。生态环境"脆弱"的 23 个县域中，有 15 个分布在新疆塔里木河荒漠化防治生态功能区、阿尔金草原荒漠化防治生态功能区，5 个分布在浑善达克沙地沙漠化防治生态功能区，3 个分布在科尔沁草原生态功能区。

水土保持功能的 99 个县域生态环境状况指数为 43.29（山西柳林县）～78.06（安徽石台县），平均值为 62.60。其中生态环境"脆弱"的县域有 6 个，占 6.1%；"一般"的有 36 个，占 36.4%；"良好"有 57 个，占 57.5%。生态环境"脆弱"的 6 个县域分别为山西柳林县、石楼县和保德县，甘肃通渭县和静宁县，陕西吴起县，均属黄土高原丘陵沟壑水土保持功能区。

水源涵养功能的 220 个县域生态环境状况指数为 25.50（河北衡水市桃城区）～74.86（黑龙江伊春市汤旺河区），平均值为 59.94。生态环境"脆弱"的县域有 23 个，占 10.5%；"一般"的有 76 个，占 34.5%；"优良"的有 121 个，占 55.0%。生态环境"脆弱"的县域中，京津水源地水源涵养生态功能区和祁连山冰川与水源涵养生态功能区分别有 5 个，衡水湖水源涵养生态功能区、大小兴安岭森林生态功能区和阿尔泰山地森林草原生态功能区分别有 3 个，南水北调中线工程水源涵养生态功能区有 2 个，中喜马拉雅山北翼高寒草原水源涵养区和甘南黄河重要水源补给生态功能区分别有 1 个。

生物多样性维护功能的 128 个县域生态环境状况指数为 43.42（黑龙江富锦市）～78.91（四川宝兴县），平均值为 61.62。生态环境"脆弱"的县域有 9 个，占 7.0%；"一般"的有 29 个，占 22.7%；"良好"有 90 个，占 70.3%。生态环境"脆弱"的 9 个县域分别为黑龙江富锦市、绥滨县、同江市和抚远县，属于三江平原湿地生态功能区；湖北孝昌县，属于秦巴生物多样性生态功能区；西藏噶尔县、双湖县、革吉县和安多县，属于藏西北羌塘高原荒漠生态功能区。

3.7 辐射环境质量

3.7.1 环境辐射水平

3.7.1.1 环境电离辐射水平

3.7.1.1.1 空气吸收剂量率

2014 年，辐射环境自动监测站实时连续空气吸收剂量率排除降雨（雪）等自然因素的影响，与历年相比，无明显变化，按站点统计年均值为 58.0～187.6 nGy/h，平均值为 87.5 nGy/h。

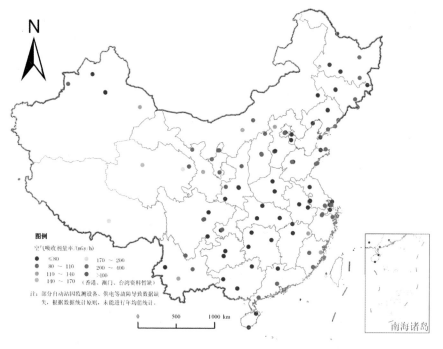

图 3-112 辐射环境自动监测站实时连续空气吸收剂量率

辐射环境质量评价依据《电离辐射防护与辐射源安全基本标准》(GB 18871—2002)、《电磁辐射防护规定》(GB 8702—88)、《生活饮用水卫生标准》(GB 5749—2006)、《海水水质标准》(GB 3097—1997)、《食品中放射性物质限制浓度标准》(GB 14882—94)、《核动力厂环境辐射防护规定》(GB 6249—2011)、《铀矿冶辐射防护和环境保护规定》(GB 23727—2009)和《500 kV 超高压送变电工程电磁辐射环境影响评价技术规范》(HJ/T 24—1998)。

不同地区辐射环境自动监测站测得的空气吸收剂量率,与空气和土壤中放射性核素活度浓度和宇宙射线强度有关。其中,海拔高度是宇宙射线强度最重要的影响因素,在我国 31 个省份中西藏的宇宙射线有效剂量率最高。此外,因降雨(雪)等自然因素的影响,空气中天然放射性核素氡-222 的衰变子体冲刷至地面沉积,可使空气吸收剂量率增加,但由于核素的半衰期短,通常几小时后空气吸收剂量率即下降至常规环境水平。

3.7.1.1.2 大气

2014 年,气溶胶中总α、总β和天然放射性核素铍-7、钾-40、铅-210、钋-210 和镭-226 活度浓度与历年相比无明显变化;人工放射性核素铯-134、铯-137、碘-131、碘-133 均未检出。

表 3-47 气溶胶监测结果[*]

监测项目	单位	点位数/样品总数/高于探测下限样品数	高于探测下限样品		
			最小值	最大值	均值
总α	mBq/m^3	107/937/934	0.01	0.98	0.19
总β	mBq/m^3	107/924/924	0.04	2.9	0.93
铍-7	mBq/m^3	90/813/813	0.15	14	3.7
铅-210	mBq/m^3	26/208/208	0.11	9.4	1.5
钋-210	mBq/m^3	13/52/52	0.03	0.86	0.39
钾-40	$\mu Bq/m^3$	100/972/574	17	780	135
镭-226	$\mu Bq/m^3$	93/881/288	4.0	60	20
碘-131	$\mu Bq/m^3$	78/757/0	—	—	—
碘-133	$\mu Bq/m^3$	74/701/0	—	—	—
铯-134	$\mu Bq/m^3$	76/751/0	—	—	—
铯-137	$\mu Bq/m^3$	91/889/0	—	—	—

注: * 个别点位因仪器设备等原因未开展相关项目监测,或因采样、样品前处理、测量等原因导致监测结果无效。"—"表示不适用此统计项。

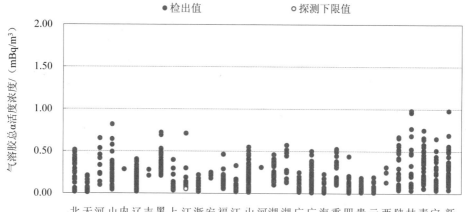

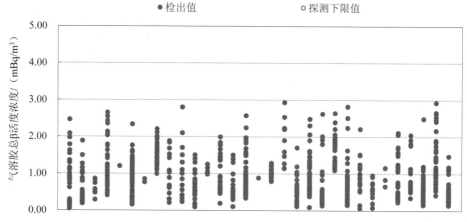

图 3-113　各省份气溶胶中总α和总β活度浓度

　　沉降物中总α、总β和天然放射性核素铍-7、钾-40、镭-226 单位面积日沉降量与历年相比无明显变化；人工放射性核素铯-134、碘-131、碘-133 均未检出，个别样品检出微量的人工放射性核素铯-137，其日沉降量为 0.24～1.0 mBq/（m²·d），仍处于本底水平，主要为 20 世纪大气层核试验和切尔诺贝利核事故残留。

　　空气中氚化水（HTO）活度浓度与历年相比无明显变化，高于探测下限样品，其活度浓度为 5.4～39.0 mBq/m³。

表 3-48 沉降物监测结果*

项目	单位	点位数/样品总数/高于探测下限样品数	高于探测下限样品		
			最小值	最大值	均值
总α	Bq/（m²·d）	39/113/113	0.01	2.1	0.33
总β	Bq/（m²·d）	39/112/112	0.07	3.3	0.62
铍-7	mBq/（m²·d）	25/81/81	0.02	9.7	2.0
钾-40	mBq/（m²·d）	31/96/84	5	2 980	226
镭-226	mBq/（m²·d）	30/89/66	0.69	96	17
铯-137	mBq/（m²·d）	28/91/2	0.24	1.0	0.63
碘-131	mBq/（m²·d）	25/81/0	—	—	—
碘-133	mBq/（m²·d）	24/78/0	—	—	—
铯-134	mBq/（m²·d）	25/85/0	—	—	—

注：* 个别点位因仪器设备等原因未开展相关项目监测，或因采样、样品前处理、测量等原因导致监测结果无效。"—"表示不适用此统计项。

3.7.1.1.3　水体

2014 年，长江、黄河、珠江、松花江、淮河、海河、辽河、浙闽片河流、西南诸河、西北诸河和重点湖泊（水库）地表水中总α和总β活度浓度、天然放射性核素铀和钍质量浓度、镭-226 和钾-40 活度浓度、人工放射性核素锶-90 和铯-137 活度浓度与历年相比无明显变化。其中，天然放射性核素浓度与 1983—1990 年全国环境天然放射性水平调查结果处于同一水平；人工放射性核素则主要为 20 世纪大气层核试验和切尔诺贝利核事故残留。

江河水中放射性核素铀质量浓度为 0.10～3.0 μg/L 的样品占 88.6%，放射性核素钍质量浓度为 0.10～1.0 μg/L 的样品占 89.1%，放射性核素镭-226 活度浓度为 2.0～15 mBq/L 的样品占 92.4%，放射性核素钾-40 活度浓度为 30～300 mBq/L 的样品占 87.3%，放射性核素锶-90 活度浓度为 1.0～6.0 mBq/L 的样品占 86.3%，放射性核素铯-137 活度浓度为 0.1～0.7 mBq/L 的样品占 86.4%。

城市地下水中总α和总β活度浓度、天然放射性核素铀和钍质量浓度、镭-226 和钾-40 活度浓度与历年相比无明显变化。

监测的省会城市集中式饮用水水源地水中总α、总β活度浓度，天然放射性核素铀和钍质量浓度，镭-226 和钾-40 活度浓度，人工放射性核素锶-90 和铯-137 活度浓度与历年相比无明显变化。其中，总α和总β活度浓度低于《生活饮用水卫生标准》（GB 5749—2006）规定的放射性指标指导值；人工放射性核素则主要为 20 世纪大气层核试验和切尔诺贝利核事故残留。

近岸海域海水中天然放射性核素铀和钍质量浓度、镭-226 活度浓度、人工放射性核素锶-90 和铯-137 活度浓度与历年相比无明显变化。其中，天然放射性核素质量浓度与 1983—1990 年全国环境天然放射性水平调查结果处于同一水平，人工放射性核素活度浓度低于《海水水质标准》（GB 3097—1997）规定的限值。各类海洋生物中人工放射性核素锶-90 和铯-137 活度浓度处于本底水平。海水和海洋生物中人工放射性核素锶-90 和铯-137 主要为 20 世纪大气层核试验和切尔诺贝利核事故残留。

表 3-49　2014 年各类水中放射性核素浓度

水域	断面数	统计值	放射性核素浓度[1]					
			U/(μg/L)	Th/(μg/L)	^{226}Ra/(mBq/L)	^{40}K/(mBq/L)	^{90}Sr/(mBq/L)	^{137}Cs/(mBq/L)
长江	24	范围	0.15～4.0	0.11～2.4	2.0～21	9～247	0.53～11	0.1～1.0
		均值	1.1	0.32	8.2	67	3.3	0.4
黄河	12	范围	0.88～6.4	0.10～0.66	2.3～17	31～503	0.46～8.9	0.2～0.5
		均值	3.2	0.30	7.6	143	4.4	0.3
珠江	6	范围	0.07～0.76	0.07～0.46	5.5～15	12～280	0.67～3.5	0.2～0.6
		均值	0.34	0.19	8.8	88	2.0	0.4
松花江	8	范围	0.07～2.8	0.15～0.52	2.2～15	38～116	1.0～5.5	0.2～0.8
		均值	1.2	0.32	7.8	81	3.4	0.5
淮河	3	范围	0.13～0.16	—[2]	ND	170～466	1.2～3.6	ND
		均值	0.15	0.14	ND	267	2.4	ND
海河	6	范围	1.6～5.7	0.02～0.38	2.3～5.5	57～485[3]	0.70～7.4	0.3～0.8
		均值	2.8	0.13	3.4	250[3]	3.7	0.5
辽河	5	范围	0.10～2.6	0.18～0.29	3.2～7.2	42～123	2.4～5.7	0.2～0.4
		均值	0.82	0.22	5.1	71	3.5	0.4
浙闽片河流	18	范围	0.04～4.8	0.02～0.91	3.4～17	39～296	1.7～3.5	0.3～0.5
		均值	0.69	0.36	10	126	2.4	0.3
西北诸河	4	范围	0.64～3.8	0.34～0.67	2.9～11	168～266	0.68～7.2	0.6～1.0
		均值	1.9	0.52	7.0	217	3.1	0.7
西南诸河	3	范围	0.86～2.4	0.09～0.41	6.5～18	50～113	1.2～3.5	0.1～0.4
		均值	1.6	0.26	11	67	2.2	0.3
湖泊	11	范围	0.08～6.3	0.07～1.6	2.0～6.8	42～238[3]	0.78～7.0	0.2～0.9
		均值	1.8	0.50	4.8	130[3]	3.3	0.5
水库	7	范围	0.15～8.7	0.01～1.0	2.0～11	13～112[3]	1.2～11	0.3～0.8
		均值	2.1	0.42	4.9	67[3]	4.1	0.5
饮用水水源地水	32	范围	0.03～7.0	0.01～2.8	1.8～18	10～288	0.58～7.1	0.1～0.8
		均值	1.3	0.39	7.3	97	3.2	0.4
地下水	30	范围	0.08～5.7	0.02～0.69	1.8～23	5～310	/[4]	/[4]
		均值	1.8	0.23	7.7	75	/[4]	/[4]
海水	47	范围	0.77～9.8	0.02～0.67	1.6～19	/[4]	0.79～4.9	0.3～2.5
		均值	3.4	0.21	8.5	/[4]	2.2	1.2

注：①表中数据均按照高于探测下限样品测值统计，如流域中所有断面测值均未检出，测值范围和均值用 ND 表示；个别断面因仪器设备等原因未开展相关项目监测，或因采样、样品前处理、测量等原因导致监测结果无效；

②“—”表示不适用相关统计项；

③因海河部分断面属于受潮汐影响的入海河流，青海湖为咸水湖，七里海水库属滨海湖库，上述监测点水中钾-40 活度浓度较高，未参与统计；

④“/”表示监测方案未要求开展的项目。

表 3-50　近岸海域海洋生物监测结果

海洋生物类别		点位数/样品总数	高于探测下限样品			
			样品数	锶-90/[Bq/（kg 鲜）]	样品数	铯-137/[Bq/（kg 鲜）]
海洋水生植物	海带	1/1	1	0.062	1	0.05
	紫菜①	1/1	1	0.063①	1	0.18①
海鱼类（黄鱼、鲳鱼等）		15/15	9	0.045～0.45	9	0.019～0.086
软体动物类（牡蛎、扇贝等贝壳类）		12/14	7	0.020～0.061	4	0.020～0.043
甲壳类（海虾、梭子蟹等）		3/3	3	0.046～0.25	3	0.024～0.044

注：① 海洋水生植物中紫菜的样品为干样，单位为 Bq/（kg 干）。

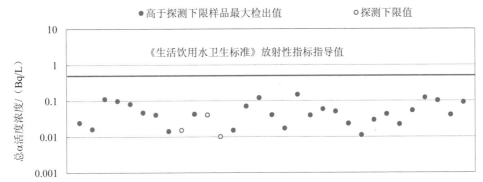

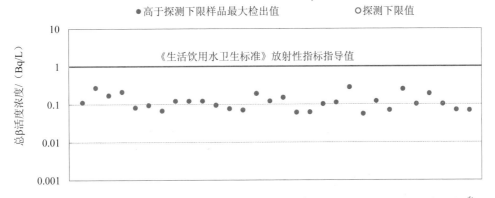

图 3-114　城市饮用水水源地水中总α和总β活度浓度

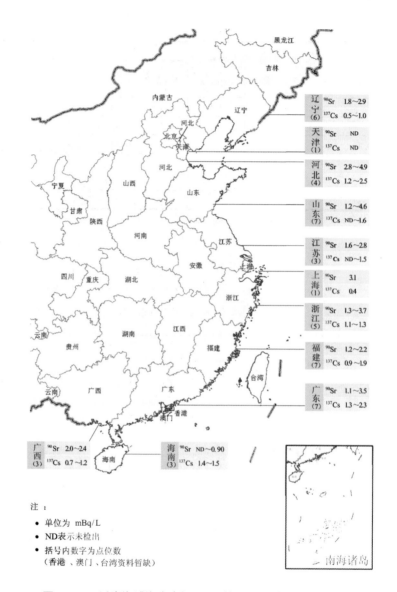

图 3-115 近岸海域海水中锶-90 和铯-137 活度浓度分布示意

3.7.1.1.4 土壤

2014 年，土壤中天然放射性核素铀-238、钍-232、镭-226 和钾-40 活度浓度，人工放射性核素锶-90 和铯-137 活度浓度与历年相比无明显变化。其中，天然放射性核素活度浓度与 1983—1990 年全国环境天然放射性水平调查结果处于同一水平；人工放射性核素则主要为 20 世纪大气层核试验和切尔诺贝利核事故残留。

土壤中天然放射性核素铀-238、钍-232 和镭-226 质量活度为 20～70 Bq/kg 的样品分别占 79.9%、83.6% 和 83.8%；天然放射性核素钾-40 质量活度为 400～1 000 Bq/kg 的样品占 81.1%；人工放射性核素锶-90 和铯-137 质量活度为 0.1～2.0 Bq/kg 的样品分别占 93.9% 和

69.6%。

　　高于探测下限的土壤样品中放射性核素铀-238、钍-232、镭-226、钾-40、锶-90 和铯-137 质量活度均值分别为 42 Bq/kg、52 Bq/kg、37 Bq/kg、578 Bq/kg、0.96 Bq/kg 和 1.8 Bq/kg。

　　土壤中天然放射性核素的地理分布与地质条件密切相关，铀-238、钍-232 和镭-226 分布趋势均为北低南高；钾-40 分布趋势为东部南低北高，中部由南至北变化不大，西部由南北变化不大但高于中部。这一分布趋势与 1983—1990 年全国环境天然放射性水平调查结果基本一致。土壤中人工放射性核素锶-90 和铯-137 地理分布与纬度有关。

　　日本福岛核事故虽与切尔诺贝利核事故的事故等级同为 7 级，但两者事故的状态不完全相同，其放射性物质的释放量低于后者一个量级，对我国土壤中人工放射性核素活度浓度的测量结果无可探测到的影响。

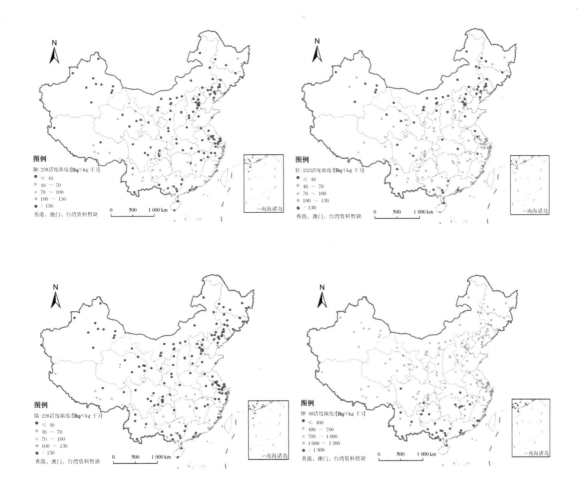

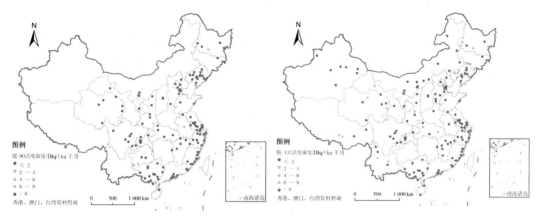

图 3-116　2014 年土壤中放射性核素质量活度分布示意

3.7.1.2　环境电磁辐射水平

2014 年，直辖市和省会城市环境综合电场强度与历年相比无明显变化，均低于《电磁辐射防护规定》（GB 8702—88）中有关公众照射参考导出限值 12 V/m（频率为 30～3 000 MHz），按点位统计环境综合电场强度测值为 0.10～2.5 V/m，平均值为 0.74 V/m。

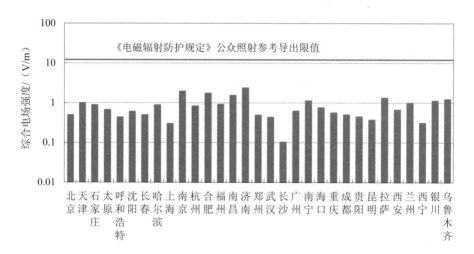

图 3-117　2014 年直辖市和省会城市环境电磁辐射水平

3.7.2 国家重点监管的民用核与辐射设施周围环境电离辐射水平

3.7.2.1 运行核电厂

3.7.2.1.1 空气吸收剂量率

2014 年，除阳江核电厂周围辐射环境自动监测站因附近进行γ射线探伤作业引起部分时段空气吸收剂量率升高外，其余运行核电厂周围辐射环境自动监测站实时连续空气吸收剂量率排除降雨（雪）等自然因素的影响与历年相比无明显变化。

运行核电厂周围环境累积剂量测得的空气吸收剂量率与历年相比无明显变化。

表 3-51 运行核电厂周围辐射环境自动监测站监测结果

核电厂名称	站点数	空气吸收剂量率[①]/（nGy/h）		
		小时均值最小值	小时均值最大值	年均值
秦山	9	84.3	189.4	100.6
大亚湾/岭澳	10	85.9	293.3	124.0
阳江	8	92.3	686.4[②]	118.6
田湾	6	85.4	159.0	98.0
红沿河	7	56.3	111.0	76.4
宁德	9[③]	70.9	175.9	98.1

注：① 未扣除宇宙射线响应值。
② 阳江核电厂周围部分自动监测站因附近进行γ射线探伤作业，引起部分时段空气吸收剂量率升高。
③ 宁德核电厂周围小箐笃等自动站因监测设备故障，数据获取率低于统计原则的要求，未能进行年均值统计。

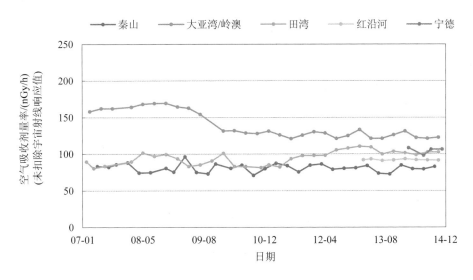

图 3-118 2014 年运行核电厂周围环境累积剂量测得的空气吸收剂量率

注：大亚湾/岭澳核电厂2007—2009 年、2010 年以后使用两种不同的 TLD 剂量计。

3.7.2.1.2　大气

2014 年，运行核电厂周围环境气溶胶中总α和总β活度浓度与历年相比，无明显变化。个别气溶胶样品监测到微量的铯-137，但仍处于本底水平，其余气溶胶样品人工γ放射性核素均未检出。

运行核电厂周围环境沉降物中总α、总β和锶-90 日沉降量与历年相比，无明显变化，人工γ放射性核素均未检出。

因红沿河核电厂 4 月机组大修，该月采集的空气样品中碳-14 活度浓度高于本底水平，其余核电厂周围环境空气中碳-14 活度浓度与历年相比，无明显变化。

因秦山第三核电厂是我国首座重水堆核电站，其慢化剂和冷却剂均采用重水，与轻水堆相比向大气环境释放的氚较多，在秦山核电基地周围关键居民组，空气中氚化水活度浓度和降水中氚活度浓度高于本底水平，其中个别空气样品中氚化水活度浓度、降水中氚活度浓度高于历年涨落范围，其余运行核电厂周围环境空气中氚化水活度浓度、降水中氚活度浓度与历年相比，无明显变化。

专栏 3-13

我国核电自 20 世纪 90 年代以来至 2014 年年底已有 22 台机组建成并投入商业运行。核电厂周围环境电离辐射水平监测主要根据运行核电厂的环境影响特征及其周围的自然环境和社会环境状况，一般在核电厂厂区边界、厂外大气扩散实验地面最大浓度处、主导风下风向的关键居民点布设辐射环境自动监测站和大气环境监测点；在厂外大气扩散实验地面最大浓度处、厂界周围 20 km 范围内 8 个方位角布设陆地辐射监测点；根据核电厂周围海洋海流、潮汐状况，在液态流出物排放口周围设置海洋环境监测点，由于我国的核电厂均为沿海核电厂，海水的稀释能力较强，因此，海洋环境着重于加强对放射性核素具有浓集作用的指示生物（如藻类、贝壳类等）的监测；在可能受影响的河流、水库、地下水、饮用水水源地布设陆地水环境监测点；在厂界 10 km 范围内 16 个方位角布设土壤监测点。同时根据区域大气环流和水文特征，在不受核电厂环境影响的地方布设各种环境介质对照点。

核电厂周围辐射环境监督性监测的重点是核电厂释放的人工放射性核素，通过与辐射本底水平对比，监督核电厂运行对周围环境所产生的实时影响和长期累积趋势影响。

环境空气吸收剂量率监测分为两种方式，第一种为自动站连续测量，实时测量固定监测点空气吸收剂量率的连续变化值，对环境水平的任何非预期增加给出警告，以便在突发核事故时发出报警信号；第二种为累积测量，通过布设热释光剂量计测出一定间隔时间内环境辐射场的累积剂量值，并依据热释光剂量计布设的时间间隔计算出空气吸收剂量率。

表 3-52　运行核电厂周围环境气溶胶监测结果

核电厂名称	点位数	总α/（mBq/m³）				总β/（mBq/m³）				¹³⁷Cs/（μBq/m³）				其余核素②
		样品数①（n/m）	高于探测下限样品			样品数（n/m）	高于探测下限样品			样品数（n/m）	高于探测下限样品			
			最小值	最大值	均值		最小值	最大值	均值		最小值	最大值	均值	
秦山	3	36/36	0.03	0.11	0.06	36/36	0.34	1.1	0.65	0/36	—③	—	—	ND④
大亚湾/岭澳	2	24/24	0.02	0.29	0.08	24/24	0.15	1.7	0.83	1/24			1.9	ND
阳江	2	23/23	0.01	0.27	0.07	23/23	0.10	1.5	0.62	0/23				ND
田湾	3	12/12	0.03	0.67	0.15	12/12	0.53	3.0	1.4	0/12				ND
红沿河	2	23/23	0.04	0.14	0.09	23/23	0.42	1.4	0.89	0/23				ND
宁德	3	35/35	0.03	0.30	0.10	35/35	0.32	2.0	1.1	0/35				ND

注：① n 为 2014 年高于探测下限样品数，m 为 2014 年总样品数，余表 3-7 至表 3-14 同；
②其余核素包括 ⁵⁴Mn、⁵⁸Co、⁶⁰Co、⁹⁵Zr、¹¹⁰ᵐAg、¹³⁴Cs 等人工γ放射性核素；
③ "—" 表示不适用此统计项，余表 3-53 至表 3-60 同；
④ ND 表示未检出，余表 3-53 至表 3-60 同。

表 3-53　运行核电厂周围环境沉降物监测结果

核电厂名称	点位数	总α/[Bq/（m²·d）]				总β/[Bq/（m²·d）]				⁹⁰Sr/[mBq/（m²·d）]				其余核素①
		样品数（n/m）	高于探测下限样品			样品数（n/m）	高于探测下限样品			样品数（n/m）	高于探测下限样品			
			最小值	最大值	均值		最小值	最大值	均值		最小值	最大值	均值	
秦山	3	12/12	0.07	0.92	0.26	12/12	0.26	1.7	0.64	12/12	8.4	12	10	ND
大亚湾/岭澳	2	8/8	0.02	0.32	0.14	8/8	0.06	0.51	0.20	/②	/	/	/	ND
阳江	2	8/8	0.01	0.11	0.05	8/8	0.02	0.12	0.06	2/2	0.15	0.25	0.20	ND
田湾	3	12/12	0.16	1.0	0.50	12/12	0.30	1.9	0.99	2/2	3.5	9.4	6.5	ND
红沿河	2	8/8	0.05	0.30	0.17	8/8	0.06	0.45	0.23	7/7	3.0	6.2	5.1	ND
宁德	3	11/11	0.05	0.25	0.09	11/11	0.13	0.35	0.23	/	/	/	/	ND

注：① 其余核素包括 ⁵⁴Mn、⁵⁸Co、⁶⁰Co、⁹⁵Zr、¹¹⁰ᵐAg、¹³⁴Cs、¹³⁷Cs 等人工γ放射性核素；
② "/" 表示监测方案未要求开展监测，余表 3-54 同。

表 3-54　运行核电厂周围环境空气中碳-14 和氚化水监测结果

核电厂名称	点位数	¹⁴C/[Bq/（g 碳）]				HTO/（mBq/m³）			
		样品数（n/m）	高于探测下限样品			样品数（n/m）	高于探测下限样品		
			最小值	最大值	均值		最小值	最大值	均值
秦山	3	36/36	0.18	0.34	0.23	36/36	76	3 080	641
大亚湾/岭澳	2	24/24	0.16	0.32	0.22	14/24	7.9	68	27
阳江	2	22/22	0.15	0.28	0.22	6/25	21	83	49
田湾	/	/	/	/	/	4/4	14	84	38
红沿河	2	24/24	0.18	0.72①	0.30	0/22	—	—	—
宁德	3	37/37	0.19	0.28	0.24	5/36	6.8	36	15

注：①因红沿河核电厂 4 月机组大修，该月采集的空气样品中碳-14 活度浓度高于本底水平。

表 3-55 运行核电厂周围环境降水中氚监测结果

核电厂名称	点位数	样品数（n/m）	$^3H/$（Bq/L）		
			高于探测下限样品		
			最小值	最大值	均值
秦山	3	32/36	1.1	72	16
大亚湾/岭澳	1	0/6	—	—	—
阳江	2	0/12	—	—	—
田湾	3	4/12	1.1	2.8	2.0
红沿河	2	0/9	—	—	—
宁德	3	6/35	1.0	1.4	1.2

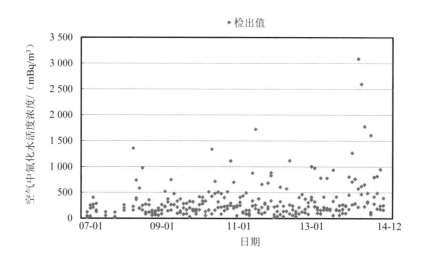

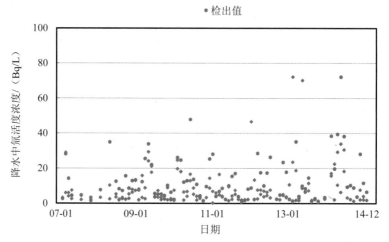

图 3-119 秦山核电基地周围环境空气和降水中氚活度浓度

专栏 3-14

氚（^3H）是氢的放射性同位素，既是一种天然放射性核素，又是一种人工放射性核素。天然存在的氚是由高能宇宙射线（中子和质子）与大气中的氮和氧相互作用产生的，但其量甚微（$10^{17\sim18}$ 个氢原子：1 个氚原子）。核爆炸试验和人工核裂变的释放（核电站与核燃料后处理厂等）是环境中氚的主要来源。环境中氚主要以氚化水（HTO，大于 99%）形式存在。氚是一种放射纯β射线的放射性核素，能量很低，其β射线的最大能量为 18.6 keV，平均能量为 5.7 keV。因此，从剂量学角度看，主要是内照射的危害。根据《世界卫生组织饮用水水质标准》的规定，饮用水中氚单一核素的指导水平为 10 000 Bq/L。此外，氚的剂量转换系数低，按照《电离辐射防护与辐射源安全基本标准》（GB 18871—2002）所述，成人氚化水吸入单位摄入量所致的待积有效剂量转换系数为 $4.5×10^{-11}$Sv/Bq（吸收类型：M），食入单位摄入量所致的待积有效剂量转换系数为 $18×10^{-11}$Sv/Bq。

3.7.2.1.3 水体

2014 年，运行核电厂周围陆地环境水中人工γ放射性核素均未检出，其中饮用水水源中总α和总β活度浓度低于《生活饮用水卫生标准》（GB 5749—2006）中规定的放射性指标指导值。秦山核电基地周围环境饮用水水源中氚未检出，但池塘水和井水中氚活度浓度高于本底水平，其中个别井水样品中氚活度浓度高于历年涨落范围；其余运行核电厂周围陆地环境水中氚活度浓度与历年相比，无明显变化。

各运行核电厂周围海域海水中铯-137 活度浓度与历年相比，无明显变化，其余人工γ放射性核素均未检出。秦山核电基地、大亚湾/岭澳核电厂和田湾核电厂周围海域部分海水样品氚活度浓度高于本底水平，其余运行核电厂周围海域海水中氚活度浓度与历年相比，无明显变化。

运行核电厂周围环境岸边沉积物、潮间带土、潮下带土和底泥中锶-90 和铯-137 活度浓度与历年相比，无明显变化，其余人工γ放射性核素均未检出。

表 3-56 运行核电厂周围陆地环境水监测结果

监测对象	核电厂名称	点位数	样品数（n/m）	^3H/（Bq/L）			其余核素[①]
				高于探测下限样品			
				最小值	最大值	均值	
饮用水水源	秦山	1	0/4	—	—	—	ND
	大亚湾/岭澳	2	0/4	—	—	—	ND
	宁德	2	0/7	—	—	—	ND

监测对象	核电厂名称	点位数	样品数（n/m）	^{3}H/（Bq/L）			其余核素[①]
				高于探测下限样品			
				最小值	最大值	均值	
地表水[②]	秦山	2	8/8	3.8	20	12	ND
	阳江	2	0/4	—	—	—	ND
	田湾	2	1/4	—	—	1.1	ND
	红沿河	1	0/2	—	—	—	ND
	宁德	3	0/6	—	—	—	ND
地下水	秦山	3	12/12	4.3	44	15	ND
	大亚湾/岭澳	1	0/1	—	—	—	ND
	阳江	2[③]	0/8	—	—	—	ND
	田湾	2	2/4	1.1	1.1	1.1	ND
	红沿河	1	0/2	—	—	—	ND
	宁德	2	0/4	—	—	—	ND

注：① 其余核素包括 ^{54}Mn、^{58}Co、^{60}Co、^{95}Zr、^{110m}Ag、^{134}Cs、^{137}Cs 等人工放射性核素；

② 秦山核电基地采集的地表水为池塘水；大亚湾/岭澳核电厂采集的地表水为水库水（饮用水水源）；阳江核电厂、田湾核电厂和宁德核电厂采集的地表水为水库水和江河水；红沿河核电厂采集的地表水为水库水；

③ 根据监测方案，阳江核电厂周围环境 1 个点位开展地下水中γ能谱分析。

表 3-57　运行核电厂周围陆地环境岸边沉积物和底泥监测结果

监测对象[②]	核电厂名称	点位数	^{90}Sr/[Bq/（kg 干）]				^{137}Cs/[Bq/（kg 干）]				其余核素[①]
			样品数（n/m）	高于探测下限样品			样品数（n/m）	高于探测下限样品			
				最小值	最大值	均值		最小值	最大值	均值	
岸边沉积物	秦山	2	2/2	0.93	1.4	1.2	2/2	1.5	1.7	1.6	ND
	阳江	2	2/2	0.59	0.60	0.60	0/2	—	—	—	ND
	红沿河	1	1/1	—	—	0.82	1/1	—	—	0.8	ND
	宁德	3	3/3	0.90	1.0	0.97	3/3	1.8	3.4	2.4	ND
底泥	田湾	2	2/2	0.42	0.53	0.48	1/2	—	—	1.6	ND
	红沿河	1	1/1	—	—	0.45	1/1	—	—	0.9	ND

注：① 其余核素包括 ^{54}Mn、^{58}Co、^{60}Co、^{95}Zr、^{110m}Ag、^{134}Cs 等人工放射性核素；

② 秦山核电基地采集的岸边沉积物为池塘岸边沉积物；红沿河核电厂采集的岸边沉积物为水库岸边沉积物；阳江核电厂、宁德核电厂采集的岸边沉积物为水库和河流岸边沉积物；田湾核电厂采集的底泥为水库和河流底泥；红沿河核电厂采集的底泥为水库底泥。

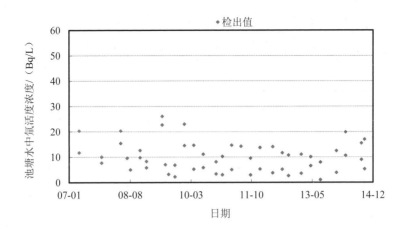

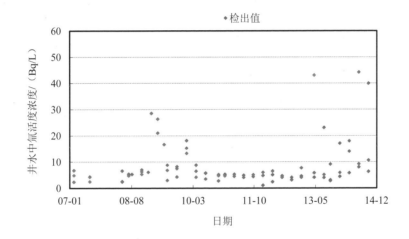

图 3-120 秦山核电基地周围环境池塘水和井水中氚活度浓度

表 3-58 运行核电厂周围海域海水监测结果

核电厂名称	点位数	³H/（Bq/L）				¹³⁷Cs/（mBq/L）				其余核素①
		样品数（n/m）	高于探测下限样品			样品数（n/m）	高于探测下限样品			
			最小值	最大值	均值		最小值	最大值	均值	
秦山	3	5/6	1.3	22	5.8	0/6	—	—	—	ND
大亚湾/岭澳	4	15/16	1.1	4.7	2.8	13/16	1.1	2.9	1.7	ND
阳江	12②	0/24	—	—	—	4/8	1.0	1.6	1.4	ND
田湾	10	17/20	1.2	36	8.5	5/20	0.7	1.2	0.9	ND
红沿河	4	0/8	—	—	—	8/8	0.7	1.1	0.9	ND
宁德	7	1/14	—	—	1.4	6/11	1.2	2.3	1.7	ND

注：① 其余放射性核素包括 ⁵⁴Mn、⁵⁸Co、⁶⁰Co、⁹⁵Zr、¹¹⁰ᵐAg、¹³⁴Cs 等人工γ放射性核素；

② 根据监测方案，阳江核电厂周围 4 个点位开展海水γ能谱分析。

表 3-59 运行核电厂周围海域底泥、潮间及潮下带土监测结果

监测对象	核电厂名称	点位数	^{90}Sr/[Bq/(kg 干)]				^{137}Cs/[Bq/(kg 干)]				其余核素[1]
			样品数（n/m）	高于探测下限样品			样品数（n/m）	高于探测下限样品			
				最小值	最大值	均值		最小值	最大值	均值	
海域底泥	秦山	3	3/3	2.0	2.1	2.0	3/3	0.3	1.2	0.6	ND
	大亚湾/岭澳	4	3/3	0.017	0.044	0.034	4/4	0.7	0.9	0.8	ND
	红沿河	4	4/4	1.4	1.8	1.6	4/4	0.5	1.8	1.2	ND
	宁德	4	4/4	0.57	0.78	0.68	4/4	1.7	3.5	2.5	ND
潮间带土	秦山	2	2/2	1.2	1.3	1.2	2/2	1.1	1.2	1.1	ND
	大亚湾/岭澳	2	2/2	0.035	0.067	0.051	1/2	—	—	0.8	ND
	阳江	2	2/2	0.17	0.29	0.23	1/2	—	—	1.0	ND
	田湾	2	2/2	0.62	0.68	0.65	1/2	—	—	1.1	ND
	红沿河	1	1/1	—	—	1.1	0/1	—	—	—	ND
	宁德	4	4/4	0.49	0.87	0.72	2/4	2.7	2.9	2.8	ND
潮下带土	阳江	4	4/4	0.12	0.25	0.20	3/4	0.7	2.2	1.3	ND
	田湾	4	4/4	0.15	0.19	0.18	4/4	0.7	1.4	1.1	ND

注：[1] 其余放射性核素包括 ^{54}Mn、^{58}Co、^{60}Co、^{95}Zr、^{110m}Ag、^{134}Cs 等人工 γ 放射性核素。

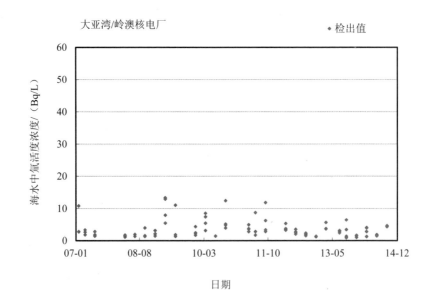

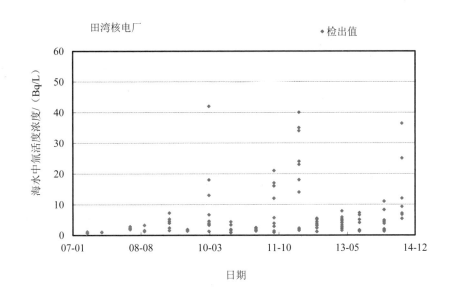

图 3-121 大亚湾/岭澳核电厂附近西大亚湾海域和田湾核电厂海域海水氚活度浓度

3.7.2.1.4 土壤

2014 年，运行核电厂周围环境土壤中锶-90 和铯-137 活度浓度与历年相比，无明显变化，其余人工γ放射性核素均未检出。

表 3-60 运行核电厂周围环境土壤监测结果

核电厂名称	点位数	^{90}Sr/[Bq/（kg 干）]				^{137}Cs/[Bq/（kg 干）]				其余核素[①]
		样品数（n/m）	高于探测下限样品			样品数（n/m）	高于探测下限样品			
			最小值	最大值	均值		最小值	最大值	均值	
秦山	5	5/5	0.94	1.3	1.1	5/5	0.6	2.2	1.5	ND
大亚湾/岭澳	3	3/3	0.13	0.27	0.19	2/3	0.6	2.2	1.4	ND
阳江	3	5/6	0.14	0.46	0.26	4/6	1.3	2.2	1.6	ND
田湾	8	7/8	0.22	2.9	1.0	8/8	0.4	1.9	1.3	ND
红沿河	7	7/7	0.59	2.6	1.3	7/7	0.9	4.9	2.7	ND
宁德	8	8/8	0.52	0.96	0.76	2/8	2.4	3.4	2.9	ND

注：① 其余放射性核素包括 ^{54}Mn、^{58}Co、^{60}Co、^{95}Zr、^{110m}Ag、^{134}Cs 等人工γ放射性核素。

3.7.2.1.5 生物

2014 年，运行核电厂周围环境采集的生物样品中锶-90 和铯-137 活度浓度与历年相比，无明显变化；大亚湾/岭澳核电厂和宁德核电厂周围海域采集的个别牡蛎样品中监测到微量的银-110m，其余运行核电厂周围环境采集的生物样品中人工γ放射性核素均未检出。

秦山核电基地和阳江核电厂周围环境采集的生物样品中碳-14 活度浓度与历年相比，无明显变化。

红沿河核电厂和宁德核电厂周围环境采集的生物样品中组织自由水氚未检出,阳江核电厂周围环境采集的生物样品中有机结合氚未检出;秦山核电基地周围环境采集的陆生植物样品中氚活度浓度高于本底水平,其中部分样品氚活度浓度高于历年涨落范围。

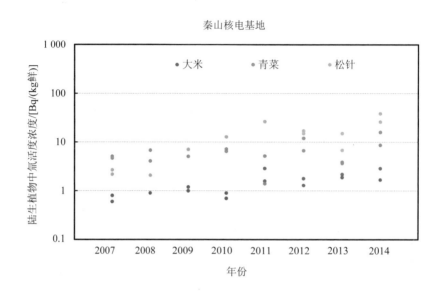

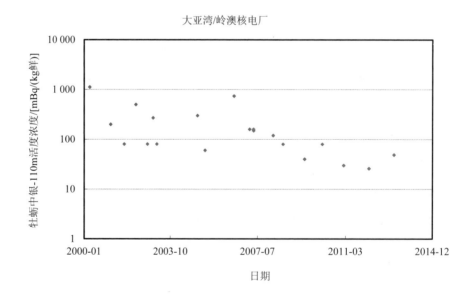

图 3-122　秦山核电基地和大亚湾/岭澳核电厂周围环境生物样品监测结果

3.7.2.1.6　结论

运行核电厂周围环境介质样品中人工放射性核素锶-90 和铯-137 活度浓度与历年相比

无明显变化，主要为 20 世纪大气层核试验和切尔诺贝利核事故残留。虽然运行核电厂周围环境部分空气、水、生物等样品中氚活度浓度、部分空气中碳-14 活度浓度有所升高，个别牡蛎样品中监测到微量的银-110m，但评估结果表明，对公众造成的有效剂量远低于国家规定的剂量约束值，对公众健康的影响可忽略不计。

3.7.2.2 研究设施

清华大学核能与新能源技术研究院和深圳大学微堆等研究设施周围环境γ辐射空气吸收剂量率，气溶胶、沉降物、地表水、地下水和土壤中放射性核素活度浓度与历年相比无明显变化。中国原子能科学研究院和中国核动力研究设计院周围部分环境介质样品中检出微量的碘-131 等人工放射性核素，但评估结果表明，对公众造成的辐射剂量远低于国家规定的相应限值。

3.7.2.3 核燃料循环设施和废物处置设施

中核兰州铀浓缩有限公司、中核陕西铀浓缩有限公司、中核北方核燃料元件有限公司、中核建中核燃料元件有限公司和中核四〇四有限公司等单位的核燃料循环设施，以及西北低中放射性废物处置场、广东北龙低中放射性废物处置场和青海国营二二一厂放射性污染物填埋坑周围环境γ辐射空气吸收剂量率处于当地天然本底涨落范围内，环境介质中与上述企业活动相关的放射性核素活度浓度与历年相比无明显变化。

3.7.2.4 铀矿冶设施

铀矿冶设施周围辐射环境质量总体稳定。周围环境γ辐射空气吸收剂量率、空气中氡活度浓度、气溶胶总α活度浓度、地表水及矿周围饮用井水中总铀和镭-226 浓度与历年处于同一水平。

3.7.3 电磁辐射设施周围环境电磁辐射水平

2014 年，电磁辐射设施周围环境电磁辐射水平总体情况较好。监测的移动通信基站天线周围环境敏感点电磁辐射水平低于《电磁辐射防护规定》（GB 8702—88）规定的公众照射导出限值；监测的输电线和变电站周围环境敏感点工频电场强度和磁感应强度低于《500 kV 超高压送变电工程电磁辐射环境影响评价技术规范》（HJ/T 24—1998）规定的居民区工频电场评价标准和公众全天候辐射时的工频限值。

第四篇

总

结

4.1　新标准第一阶段监测实施城市平均达标天数比例有所提高

依据《环境空气质量标准》（GB 3095—2012）进行评价，2014 年，74 个新标准第一阶段监测实施的城市中，海口、拉萨、舟山、深圳、珠海、福州、惠州和昆明等 8 个城市空气质量达标，占 10.8%；66 个城市超标，占 89.2%。74 个城市平均达标天数比例为 66.0%，同比上升 5.5 个百分点，重度及以上污染天数比例同比下降 3.0 个百分点。以 $PM_{2.5}$、O_3 和 PM_{10} 为首要污染物的天数较多，分别占超标天数的 70.1%、16.6% 和 12.0%；以 NO_2 和 SO_2 为首要污染物的污染天数分别占 1.0% 和 0.3%。74 个城市 $PM_{2.5}$、PM_{10}、SO_2 和 NO_2 平均质量浓度分别为 64 $\mu g/m^3$、105 $\mu g/m^3$、32 $\mu g/m^3$ 和 42 $\mu g/m^3$，同比分别下降 11.1%、11.0%、20.0% 和 4.5%；年均质量浓度达标的城市比例分别为 12.2%、21.6%、89.2% 和 48.6%，同比分别上升 8.1 个、6.7 个、2.7 个和 9.4 个百分点。O_3 日最大 8 h 滑动平均第 90 百分位数平均质量浓度为 145 $\mu g/m^3$，同比上升 4.3%；平均质量浓度达标城市比例为 67.6%，同比降低 9.4 个百分点。CO 日均值第 95 百分位数平均质量浓度为 2.1 mg/m^3，同比下降 16.0%；平均质量浓度达标城市比例为 95.9%，同比上升 10.8 个百分点。

4.2　地级及以上城市空气质量总体保持稳定

依据《环境空气质量标准》（GB 3095—1996）进行评价，2014 年，328 个地级及以上城市中，达标城市比例为 61.0%，同比下降 1.7 个百分点。地级以上城市共出现空气污染 17 162 天次，同比降低 503 天次；以 PM_{10}、SO_2 和 NO_2 为首要污染物的污染天数占全部污染天数的比例分别为 97.6%、2.3% 和 0.1%。地级及以上城市 PM_{10}、SO_2 和 NO_2 平均质量浓度分别为 0.031 mg/m^3、0.032 mg/m^3 和 0.095 mg/m^3；其中 SO_2 和 PM_{10} 平均质量浓度同比分别下降 11.4% 和 2.1%，NO_2 平均质量浓度同比持平。SO_2 达标城市比例为 93.0%，同比上升 2.4 个百分点；PM_{10} 达标城市比例为 61.6%，同比下降 2.3 个百分点；328 个地级及以上城市 NO_2 年均质量浓度全部达标。从省份来看，山西省 SO_2 年均质量浓度超标；陕西、宁夏、江苏、湖北、山西、北京、天津、河南、山东、新疆和河北 11 个省份 PM_{10} 年均质量浓度超标；NO_2 年均质量浓度均达标。

4.3　降水酸度总体保持稳定

2014 年，全国 470 个城市降水 pH 年均值为 5.18；与上年相比，降水酸度总体保持稳定。酸雨、较重酸雨和重酸雨城市比例分别为 29.8%、14.9% 和 1.9%；与上年相比，酸雨、较重酸雨和重酸雨的城市比例均基本持平。降水中主要致酸离子为硫酸根和硝酸根，分别占离子总当量的 26.4% 和 8.3%，同比分别上升 0.8 个和 0.9 个百分点。全国酸雨分布区域集中在长江以南—青藏高原以东地区，主要包括浙江、江西、福建、湖南、重庆的大部分地区，以及长三角、珠三角地区。2014 年，全国酸雨区、较重酸雨区和重酸雨区面积比例分别为 10.1%、3.1% 和 0.1%，同比分别下降 0.5 个、0.9 个和 0.1 个百分点。

4.4 地表水水质总体保持稳定，重点湖泊（水库）污染依然严重

2014 年，全国地表水监测的 968 个国控断面中，Ⅰ～Ⅲ类水质断面占 63.1%，同比降低 1.0 个百分点；劣Ⅴ类占 9.2%，同比下降 1.0 个百分点。全国地表水国控断面（点位）高锰酸盐指数年均质量浓度为 3.9 mg/L，同比下降 0.1 mg/L；氨氮年均质量浓度为 0.80 mg/L，同比下降 0.05 mg/L。

2014 年，监测的 62 个国控湖泊（水库）中，38 个（61.3%）水质优良；5 个（8.1%）为重度污染。影响湖泊（水库）水质的主要污染指标是总磷、化学需氧量和高锰酸盐指数。15 个湖泊（水库）存在富营养状况；其中滇池和达赉湖为中度富营养，太湖、巢湖、洪泽湖、白洋淀、淀山湖、阳澄湖、贝尔湖、小兴凯湖、高邮湖、兴凯湖、龙感湖、于桥水库和尼尔基水库 13 个为轻度富营养。

4.5 全国近岸海域水质总体一般

2014 年，按照监测点位计算，一类海水点位占 28.6%，比上年上升 4.0 个百分点；二类占 38.2%，比上年下降 3.6 个百分点；劣四类占 18.6%，同比持平。主要污染指标是无机氮和活性磷酸盐，部分近岸海域化学需氧量、石油类、pH、大肠菌群、铅、氰化物、挥发酚和非离子氨超标。四大海区近岸海域中，黄海和南海水质良好，渤海水质一般，东海水质极差；9 个重要海湾中，黄河口水质优，北部湾水质良好，胶州湾水质一般，渤海湾、辽东湾和闽江口水质差，长江口、杭州湾和珠江口水质极差。全国近岸海域无机氮、活性磷酸盐、化学需氧量和石油类平均质量浓度分别为 0.376 mg/L、0.018 mg/L、1.08 mg/L 和 0.016 mg/L，无机氮、化学需氧量平均质量浓度同比有所上升，活性磷酸盐和石油类同比持平。

4.6 全国生态环境质量"一般"

2013 年，全国生态环境状况指数（EI）值为 51.6，同比下降 0.2，属"无明显变化"。全国 2 461 个县域中，生态环境质量为"优""良""一般""较差"和"差"的县域占国土面积的比例分别为 17.4%、29.3%、23.0%、26.0% 和 4.3%。生态环境质量"优"和"良"的县域主要分布在秦岭淮河以南及东北的大小兴安岭和长白山地区；"一般"的县域主要分布在华北平原、东北平原中西部、内蒙古中部、青藏高原等地区；"较差"和"差"的

县域主要分布在西北地区，如内蒙古西部、甘肃中西部、西藏西部以及新疆大部等。广东生态环境质量同比"略微变好"，占国土面积的 1.9%；内蒙古、浙江、湖北、湖南、重庆和宁夏生态环境质量同比"略微变差"，占国土面积的 18.7%；其他 24 个省域生态环境质量同比保持稳定，属"无明显变化"，占国土面积的 79.4%。

4.7 城市声环境质量总体有所下降

从区域声环境质量来看，2014 年，全国城市区域环境噪声面积加权平均值为 54.1 dB（A）。327 个开展昼间监测的城市中，城市区域声环境质量为一级的城市占 1.8%，二级的占 71.6%，三级的占 26.3%，四级的占 0.3%。从城市道路交通声环境质量来看，全国城市昼间道路交通噪声长度加权平均值为 66.9 dB（A）。325 个开展昼间监测的城市中，城市道路交通噪声为一级的城市占 68.9%，二级的占 28.1%，三级的占 1.8%，四级的占 0.9%，五级的占 0.3%。从功能区声环境质量来看，4a 类功能区全国城市夜间达标率仅为 49.4%，4b 类功能区全国城市夜间达标率仅为 35.3%。全国城市各类功能区昼间和夜间达标率分别为 91.3% 和 71.8%。总体来看，城市区域和道路交通声环境质量均同比有所下降。

4.8 全国辐射环境质量总体良好

2014 年，环境电离辐射水平处于本底涨落范围内，核设施、核技术利用项目周围环境电离辐射水平总体未见明显变化；环境综合电场强度低于国家规定的电磁环境控制限值，电磁辐射发射设施周围环境电磁辐射水平未见明显变化。

附　表

附表1　2014年161个地级及以上城市污染物浓度　　　　　单位：$\mu g/m^3$，CO为mg/m^3

序号	城市	SO_2 年均值	NO_2 年均值	PM_{10} 年均值	CO日均值 第95百分位数	O_3日最大8h 平均值第90百分位数	$PM_{2.5}$ 年均值
1	北京	22	57	116	3.2	200	85.9
2	天津	49	54	133	2.9	157	83
3	石家庄	62	53	206	4.2	161	124
4	唐山	73	60	163	4.7	169	101
5	秦皇岛	54	49	113	3.5	114	61
6	邯郸	57	51	186	3.9	147	115
7	邢台	74	61	233	3.8	157	130
8	保定	67	55	224	5.4	178	129
9	张家口	54	29	77	2.1	133	35
10	承德	40	39	111	2.3	167	52
11	沧州	40	33	138	2.9	172	88
12	廊坊	36	49	159	3.6	166	100
13	衡水	42	43	191	3.0	188	107
14	太原	73	36	138	3.2	125	72
15	呼和浩特	50	44	122	4.0	117	46
16	沈阳	82	52	124	2.0	165	74
17	大连	30	39	85	1.4	110	53
18	长春	41	47	118	1.5	132	68
19	哈尔滨	57	52	111	1.6	111	72
20	上海	18	45	71	1.3	149	52
21	南京	25	54	124	1.6	183	74
22	无锡	29	45	106	1.7	182	68
23	徐州	38	37	119	2.0	152	67
24	常州	36	40	104	1.7	171	67
25	苏州	25	53	86	1.5	164	66
26	南通	26	40	96	1.3	153	62
27	连云港	30	35	111	2.0	145	61
28	淮安	32	27	105	2.2	171	68

序号	城市	SO$_2$ 年均值	NO$_2$ 年均值	PM$_{10}$ 年均值	CO 日均值 第 95 百分位数	O$_3$ 日最大 8 h 平均值第 90 百分位数	PM$_{2.5}$ 年均值
29	盐城	20	27	91	1.3	137	58
30	扬州	34	37	106	1.5	130	65
31	镇江	24	46	107	1.6	147	68
32	泰州	32	24	109	1.9	121	72
33	宿迁	28	36	113	1.8	148	68
34	杭州	21	50	98	1.3	169	65
35	宁波	17	41	73	1.4	140	46
36	温州	17	50	75	1.7	134	46
37	嘉兴	26	44	81	1.6	174	57
38	湖州	22	48	87	1.4	166	64
39	绍兴	36	50	96	1.4	167	63
40	金华	29	38	86	1.4	168	64
41	衢州	27	33	83	1.4	139	57
42	舟山	7	20	50	1.3	136	30
43	台州	10	27	70	1.3	139	46
44	丽水	16	33	64	1.0	153	44
45	合肥	23	31	113	1.6	69	83
46	福州	8	36	65	1.3	137	34
47	厦门	16	37	59	1.0	128	37
48	南昌	25	33	85	1.6	129	52
49	济南	69	57	172	2.4	190	87
50	青岛	38	45	107	1.6	154	58
51	郑州	43	51	158	3.1	116	88
52	武汉	21	55	114	1.8	156	82
53	长沙	24	42	84	1.8	117	74
54	广州	17	48	67	1.5	165	49
55	深圳	9	35	53	1.4	126	34
56	珠海	11	33	53	1.4	138	34
57	佛山	25	48	66	1.6	167	45
58	江门	24	32	64	2.0	144	44
59	肇庆	25	37	74	1.8	170	52
60	惠州	14	29	57	1.1	151	35
61	东莞	19	42	60	1.4	188	45
62	中山	16	32	57	1.6	153	38
63	南宁	15	37	84	1.6	126	49
64	海口	6	16	42	0.9	102	23
65	重庆	24	39	98	1.8	146	65
66	成都	19	59	123	2.0	147	77
67	贵阳	24	31	74	1.3	103	48
68	昆明	20	36	70	1.5	111	35

序号	城市	SO$_2$ 年均值	NO$_2$ 年均值	PM$_{10}$ 年均值	CO 日均值 第 95 百分位数	O$_3$ 日最大 8 h 平均值第 90 百分位数	PM$_{2.5}$ 年均值
69	拉萨	10	20	59	1.8	134	25
70	西安	32	47	152	3.0	128	77
71	兰州	29	48	126	2.7	108	61
72	西宁	41	38	121	2.5	89	63
73	银川	69	42	112	2.4	124	53
74	乌鲁木齐	25	56	146	3.4	109	61
75	大同	46	32	95	3.6	114	43
76	阳泉	88	44	154	2.8	101	71
77	长治	38	39	116	3.5	102	67
78	临汾	60	32	94	4.2	95	63
79	包头	54	46	151	3.3	140	55
80	赤峰	56	25	112	1.6	108	47
81	鄂尔多斯	22	26	71	1.1	160	28
82	鞍山	57	38	133	3.8	146	76
83	抚顺	38	37	103	2.2	165	58
84	本溪	46	40	97	4.0	126	61
85	丹东	39	30	82	2.3	129	48
86	锦州	62	42	102	2.4	155	63
87	营口	33	35	72	2.3	156	40
88	盘锦	31	28	85	2.9	152	57
89	葫芦岛	52	41	102	3.4	147	55
90	吉林	24	38	109	2.5	141	66
91	齐齐哈尔	29	21	63	1.5	92	39
92	大庆	18	23	61	1.3	109	43
93	牡丹江	25	32	91	1.7	119	59
94	芜湖	27	28	96	1.9	72	67
95	马鞍山	29	35	108	2.1	105	67
96	泉州	9	24	68	1.2	96	34
97	九江	30	31	86	1.4	136	46
98	淄博	123	67	171	3.1	187	97
99	枣庄	74	47	170	1.8	195	92
100	东营	73	49	149	2.1	210	79
101	烟台	28	40	84	1.6	152	52
102	潍坊	59	42	146	2.2	209	78
103	济宁	73	47	154	2.2	184	88
104	泰安	50	46	132	2.6	146	76
105	威海	21	27	76	1.2	170	42
106	日照	31	38	112	2.0	148	62
107	莱芜	93	54	141	2.7	156	92
108	临沂	64	61	171	3.2	148	93

序号	城市	SO$_2$ 年均值	NO$_2$ 年均值	PM$_{10}$ 年均值	CO 日均值 第 95 百分位数	O$_3$ 日最大 8 h 平均值第 90 百分位数	PM$_{2.5}$ 年均值
109	德州	57	48	153	3.0	149	103
110	聊城	53	49	170	3.0	139	98
111	滨州	62	48	135	3.3	121	85
112	菏泽	53	42	162	2.6	171	102
113	开封	34	37	128	3.2	130	83
114	洛阳	49	42	129	3.3	143	74
115	平顶山	56	46	141	2.0	146	88
116	安阳	58	54	154	4.9	160	97
117	焦作	62	46	134	3.7	166	80
118	三门峡	56	40	130	2.9	165	76
119	宜昌	49	36	137	2.1	110	93
120	荆州	43	39	150	2.3	138	88
121	株洲	36	39	102	1.7	139	74
122	湘潭	34	45	108	1.7	131	73
123	岳阳	30	29	130	2.2	74	58
124	常德	36	25	101	2.9	98	71
125	张家界	18	18	91	2.6	114	65
126	韶关	33	31	66	2.7	152	49
127	汕头	14	22	63	1.3	133	40
128	湛江	13	15	47	1.6	134	29
129	茂名	20	19	58	1.6	129	39
130	梅州	12	25	64	1.2	136	40
131	汕尾	10	14	47	1.4	142	33
132	河源	15	27	58	1.6	138	39
133	阳江	7	20	58	1.6	125	37
134	清远	28	33	60	2.0	126	42
135	潮州	16	17	68	2.2	158	48
136	揭阳	24	23	67	2.1	162	50
137	云浮	22	24	51	2.5	135	32
138	柳州	32	30	92	1.7	155	67
139	桂林	22	28	86	2.0	136	66
140	北海	13	14	58	1.9	144	29
141	三亚	2	14	35	0.9	114	19
142	自贡	22	26	108	1.5	75	74
143	攀枝花	51	32	83	3.2	99	40
144	泸州	25	38	93	1.5	137	65
145	德阳	21	35	89	1.8	141	62
146	绵阳	16	39	82	1.4	131	56
147	南充	25	35	108	1.5	76	73
148	宜宾	27	31	97	3.3	138	66

序号	城市	SO_2 年均值	NO_2 年均值	PM_{10} 年均值	CO 日均值 第 95 百分位数	O_3 日最大 8 h 平均值第 90 百分位数	$PM_{2.5}$ 年均值
149	遵义	25	31	91	1.2	103	57
150	曲靖	27	21	58	1.8	118	35
151	玉溪	28	22	53	3.4	122	30
152	铜川	35	40	118	3.4	148	69
153	宝鸡	24	36	120	3.4	120	70
154	咸阳	31	38	132	2.3	131	71
155	渭南	35	37	127	2.3	122	75
156	延安	35	51	121	3.8	138	53
157	嘉峪关	32	30	133	1.4	157	36
158	金昌	59	20	118	2.5	132	41
159	石嘴山	81	31	127	1.8	151	51
160	克拉玛依	8	28	78	2.2	123	42
161	巴音郭楞	14	31	233	2.5	118	72

附表 2　2014 年长江流域国控断面水质

序号	河流名称	断面名称	所在地区	河流级别	断面属性	断面水质	
						2014 年	2013 年
1	通天河	直门达	玉树州	干流	省界（青—川）	I	I
2	金沙江	岗托桥	昌都地区	干流		—	III
3	金沙江	贺龙桥	迪庆州	干流	省界（川—滇）	II	II
4	金沙江	龙洞	攀枝花市	干流	省界（滇—川）	I	II
5	金沙江	倮果	攀枝花市	干流		I	II
6	金沙江	大湾子	楚雄州	干流	省界（川—滇）	II	II
7	金沙江	蒙姑	昆明市	干流		II	II
8	金沙江	三块石	昭通市	干流	省界（滇—川）	II	II
9	长江	挂弓山	宜宾市	干流		III	III
10	长江	手爬岩	泸州市	干流		III	III
11	长江	朱沱	永川区	干流	省界（川—渝）	III	III
12	长江	江津大桥	江津区	干流		III	III
13	长江	寸滩	重庆市	干流		III	III
14	长江	清溪场	涪陵区	干流		III	III
15	长江	晒网坝	万州区	干流		III	III
16	长江	巫峡口	巴东县	干流	省界（渝—鄂）	III	III
17	长江	南津关	宜昌市	干流	出库口	III	III
18	长江	观音寺	荆州市	干流		III	III
19	长江	荆江口	岳阳市	干流	入湖口	III	III
20	长江	城陵矶	岳阳市	干流	出湖口	III	III
21	长江	杨泗港	武汉市	干流		III	III
22	长江	燕矶	鄂州市	干流		II	III
23	长江	风波港	黄石市	干流		III	III
24	长江	姚港	九江市	干流	省界（鄂—赣）	III	III
25	长江	鄱阳湖出口	九江市	干流	出湖口	II	II
26	长江	湖口	九江市	干流		III	III
27	长江	香口	池州市	干流	省界（赣—皖）	II	II
28	长江	皖河口	安庆市	干流		II	III
29	长江	前江口	安庆市	干流		II	III
30	长江	五步沟	池州市	干流		II	II
31	长江	东西梁山	芜湖市	干流		II	II
32	长江	三兴村	马鞍山市	干流		II	II
33	长江	江宁河口	南京市	干流	省界（皖—苏）	III	III
34	长江	九乡河口	南京市	干流		III	III
35	长江	焦山尾	镇江市	干流		II	II
36	长江	高港码头	泰州市	干流		II	II
37	长江	魏村	常州市	干流		III	II
38	长江	小湾	江阴市	干流		III	III
39	长江	下青龙港	靖江市	干流		II	II

序号	河流名称	断面名称	所在地区	河流级别	断面属性	断面水质	
						2014 年	2013 年
40	长江	姚港 1	南通市	干流		II	II
41	长江	团结闸	南通市	干流	省界（苏—沪）	II	II
42	长江	朝阳农场	宝山区	干流	入海口	III	III
43	雅砻江	雅砻江口	攀枝花市	一级	入河口	I	II
44	螳螂川	富民大桥	昆明市	一级		劣V	劣V
45	普渡河	普渡河桥	昆明市	一级	入河口	III	IV
46	横江	横江桥	昭通市	一级	入河口	II	II
47	岷江	都江堰水文站	成都市	一级		III	II
48	岷江	岷江大桥	眉山市	一级		劣V	V
49	岷江	河口渡口	乐山市	一级		IV	III
50	岷江	凉姜沟	宜宾市	一级	入河口	IV	IV
51	沱江	宏缘	简阳市	一级		IV	IV
52	沱江	龙门镇	内江市	一级		III	IV
53	沱江	李家湾	自贡市	一级		IV	III
54	沱江	沱江大桥	泸州市	一级	入河口	IV	IV
55	赤水河	鲢鱼溪	赤水市	一级	省界（黔—川）	II	II
56	嘉陵江	黄牛铺	宝鸡市	一级		II	II
57	嘉陵江	鲁光坪	汉中市	一级		II	II
58	嘉陵江	八庙沟	广元市	一级	省界（陕—川）	II	II
59	嘉陵江	沙溪	阆中市	一级		II	II
60	嘉陵江	小渡口	南充市	一级		II	II
61	嘉陵江	金子	合川区	一级	省界（川—渝）	II	II
62	嘉陵江	北温泉	重庆市	一级		II	II
63	乌江	龙场	六盘水市	一级		II	II
64	乌江	万木	酉阳县	一级	省界（黔—渝）	V	劣V
65	乌江	锣鹰	武隆县	一级	入库口	III	V
66	香溪河	长沙坝	兴山县	一级	入库口	III	III
67	湘江	绿埠头	永州市	一级	省界（桂—湘）	II	II
68	湘江	归阳	衡阳市	一级		II	II
69	湘江	熬洲	衡阳市	一级		III	III
70	湘江	霞湾	株洲市	一级		II	II
71	湘江	昭山	长沙市	一级		II	II
72	湘江	樟树港	岳阳市	一级	入湖口	II	II
73	资江	桂花渡水厂	邵阳市	一级		II	II
74	资江	球溪	娄底市	一级		II	II
75	资江	万家嘴	益阳市	一级	入湖口	II	III
76	沅江	托口	怀化市	一级	省界（黔—湘）	IV	IV
77	沅江	浦市上游	湘西州	一级		III	II
78	沅江	五强溪	怀化市	一级		II	II
79	沅江	坡头	常德市	一级	入湖口	II	II

序号	河流名称	断面名称	所在地区	河流级别	断面属性	断面水质	
						2014 年	2013 年
80	澧水	永定澄潭	张家界市	一级		II	II
81	澧水	三江口	常德市	一级		II	II
82	新墙河	金凤水库入口	岳阳市	一级		II	II
83	清水江	清江大桥	宜昌市	一级	入河口	II	II
84	汉江	烈金坝	汉中市	一级		I	I
85	汉江	黄金峡	汉中市	一级		II	II
86	汉江	小钢桥	安康市	一级		II	II
87	汉江	老君关	安康市	一级		II	II
88	汉江	羊尾	十堰市	一级	省界（陕—鄂）	II	II
89	汉江	陈家坡	十堰市	一级		II	II
90	汉江	坝上	十堰市	一级		I	II
91	汉江	白家湾	襄阳市	一级		II	II
92	汉江	余家湖	襄阳市	一级		II	II
93	汉江	转斗	钟祥市	一级		II	II
94	汉江	汉南村	仙桃市	一级		II	II
95	汉江	宗关	武汉市	一级	入河口	II	II
96	涢水	朱家河口	武汉市	一级	入河口	劣V	劣V
97	举水	沐家泾	武汉市	一级	入河口	III	III
98	富水	富池闸	黄石市	一级	入河口	III	III
99	赣江	市自来水厂	赣州市	一级		III	III
100	赣江	新庙前	赣州市	一级		III	III
101	赣江	生米	南昌市	一级		III	II
102	赣江	滁槎	南昌市	一级	入湖口	III	III
103	赣江	周坊	南昌市	一级	入湖口	III	III
104	赣江	大港	南昌市	一级	入湖口	III	III
105	赣江	大洋洲	南昌市	一级	入湖口	II	II
106	赣江	吴城赣江	九江市	一级	入湖口	II	II
107	修河	吴城修河	九江市	一级	入湖口	II	II
108	抚河	塔城	南昌市	一级	入湖口	II	II
109	抚河	新联	南昌市	一级	入湖口	IV	III
110	信江	弋阳	上饶市	一级		II	III
111	信江	梅港	鹰潭市	一级		II	II
112	信江	瑞洪大桥	上饶市	一级	入湖口	II	III
113	饶河	镇埠	上饶市	一级	省界（皖—赣）	II	II
114	饶河	鲇鱼山	景德镇市	一级		III	III
115	饶河	赵家湾	上饶市	一级	入湖口	III	III
116	黄溢河	张溪	池州市	一级	入河口	II	II
117	青通河	河口	池州市	一级	入河口	II	II
118	秋浦河	入江口	池州市	一级	入河口	II	II
119	青弋江	宝塔根	芜湖市	一级	入河口	II	II
120	水阳江	管家渡	宣城市	一级		III	III
121	滁河	汊河	滁州市	一级		V	IV

序号	河流名称	断面名称	所在地区	河流级别	断面属性	断面水质	
						2014 年	2013 年
122	滁河	陈浅	南京市	一级	省界（皖—苏）	III	III
123	外秦淮河	七桥瓮	南京市	一级		IV	IV
124	夹河	三江营	扬州市	一级	入河口	III	III
125	黄浦江	吴淞口	宝山区	一级	入河口	IV	IV
126	府河	黄龙溪	成都市	二级	入河口	劣V	劣V
127	大渡河	李码头	乐山市	二级	入河口	II	II
128	釜溪河	碳研所	自贡市	二级		劣V	劣V
129	绵远河	八角	德阳市	二级		III	III
130	白龙江	固水子村	陇南市	二级	省界（甘—川）	II	II
131	涪江	平武水文站	绵阳市	二级		I	I
132	涪江	玉溪	潼南县	二级	省界（川—渝）	III	III
133	渠江	码头	合川区	二级	省界（川—渝）	III	III
134	湘江	打秋坪（两渡水）	遵义市	二级		III	III
135	清水河	棉花渡（普渡桥）	贵阳市	二级		III	III
136	潇水	双牌水库	永州市	二级		II	II
137	潇水	诸葛庙	永州市	二级	入河口	II	II
138	蒸水河	联江村	衡阳市	二级		III	III
139	舂陵水	舂陵水入河口	衡阳市	二级	入河口	II	II
140	耒水	耒水入河口	衡阳市	二级	入河口	III	II
141	涟水	涟水入江口	湘潭市	二级	入河口	II	II
142	酉水	里耶镇	湘西州	二级	省界（渝—湘）	II	II
143	金钱河	夹河	十堰市	二级	入库口	II	II
144	天河	天河口	十堰市	二级	入库口	II	III
145	堵河	焦家院	十堰市	二级	入库口	II	II
146	官山河	孙家湾	十堰市	二级	入库口	III	III
147	浪河	浪河口	十堰市	二级	入库口	II	III
148	丹江	构峪口	商洛市	二级		II	II
149	丹江	丹凤下	商洛市	二级		III	III
150	丹江	荆紫关	南阳市	二级	省界（陕—豫）	II	III
151	丹江	史家湾	南阳市	二级	入库口	II	II
152	老灌河	张营	南阳市	二级	入库口	II	II
153	白河	新甸铺	南阳市	二级		IV	IV
154	白河	翟湾	襄阳市	二级	省界（豫—鄂）	II	III
155	唐河	埠口	襄阳市	二级	省界（豫—鄂）	III	III
156	唐白河	张湾	襄阳市	二级	入河口	IV	IV
157	袁水	罗坊	新余市	二级	入河口	III	III
158	西津河	西津河大桥	宁国市	二级	入河口	II	II
159	花垣河（清水江）	石花村	湘西州	三级	省界（黔—湘）	V	III
160	淇河	高湾	南阳市	三级	入河口	II	II

附表 3 2014 年黄河流域国控断面水质

序号	河流名称	断面名称	所在地区	河流级别	断面属性	断面水质	
						2014 年	2013 年
1	黄河	唐乃亥	海南州	干流		I	II
2	黄河	大河家	临夏州	干流	省界（青—甘）	II	II
3	黄河	扶河桥	兰州市	干流		II	II
4	黄河	青城桥	白银市	干流		II	II
5	黄河	五佛寺	白银市	干流		II	II
6	黄河	中卫下河沿	中卫市	干流	省界（甘—宁）	II	II
7	黄河	金沙湾	吴忠市	干流		II	II
8	黄河	叶盛公路桥	银川市	干流		II	II
9	黄河	平罗黄河大桥	石嘴山市	干流		III	III
10	黄河	麻黄沟	石嘴山市	干流	省界（宁—蒙）	III	III
11	黄河	下海勃湾	乌海市	干流		II	II
12	黄河	黑柳子	巴彦淖尔市	干流		III	III
13	黄河	画匠营子	包头市	干流		II	II
14	黄河	头道拐	呼和浩特市	干流		III	III
15	黄河	喇嘛湾	呼和浩特市	干流		III	III
16	黄河	万家寨水库	忻州市	干流	省界（蒙—晋）	II	II
17	黄河	碛楞	榆林市	干流	界河（陕、晋）	II	II
18	黄河	柏树坪	榆林市	干流	界河（陕、晋）	II	III
19	黄河	龙门	运城市	干流	界河（陕、晋）	IV	IV
20	黄河	风陵渡大桥	三门峡市	干流	省界（陕、晋—晋、豫）	IV	IV
21	黄河	小浪底水库	济源市	干流		II	II
22	黄河	花园口	郑州市	干流		III	III
23	黄河	东明公路大桥	濮阳市	干流		III	III
24	黄河	刘庄	菏泽市	干流	省界（豫—鲁）	III	III
25	黄河	泺口	济南市	干流		II	II
26	黄河	利津水文站	东营市	干流	入海口	III	III
27	湟水	金滩	海北州	一级		II	II
28	湟水	扎马隆	西宁市	一级		II	III
29	湟水	小峡桥	西宁市	一级		V	V
30	湟水	民和桥	海东地区	一级	省界（青—甘）	IV	V
31	总排干	总排干入黄口	巴彦淖尔市	一级		劣V	劣V
32	大黑河	大入黄口	呼和浩特市	一级		V	V
33	窟野河	温家川	榆林市	一级	省界（陕—陕、晋）	III	III
34	三川河	西崖底	吕梁市	一级		IV	IV
35	三川河	寨东桥	吕梁市	一级		劣V	劣V
36	无定河	辛店	榆林市	一级	省界（陕—陕、晋）	IV	IV
37	汾河	小店桥	太原市	一级		劣V	劣V
38	汾河	温南社	太原市	一级		劣V	劣V
39	汾河	临汾	临汾市	一级		劣V	劣V

序号	河流名称	断面名称	所在地区	河流级别	断面属性	断面水质 2014 年	断面水质 2013 年
40	汾河	河津大桥	运城市	一级	省界（晋—晋、陕）	劣V	劣V
41	涑水河	张留庄	运城市	一级	省界（晋—晋、陕）	劣V	劣V
42	渭河	桦林	天水市	一级		V	劣V
43	渭河	葡萄园	天水市	一级	省界（甘—陕）	III	III
44	渭河	魏家堡	宝鸡市	一级		III	III
45	渭河	兴平	咸阳市	一级		IV	IV
46	渭河	咸阳铁桥	西安市	一级		V	IV
47	渭河	新丰镇大桥	西安市	一级		劣V	劣V
48	渭河	沙王渡	渭南市	一级		V	劣V
49	渭河	潼关吊桥	渭南市	一级	省界（陕—陕、晋）	IV	V
50	洛河	洛河大桥	三门峡市	一级		II	II
51	洛河	高崖寨	洛阳市	一级		II	III
52	伊洛河	七里铺	郑州市	一级	入河口	IV	IV
53	沁河	拴驴泉	晋城市	一级	省界（晋—豫）	II	II
54	沁河	沁河渠首	焦作市	一级	支流汇入口	IV	V
55	大汶河	王台大桥	泰安市	二级		III	III
56	大通河	峡塘	海东地区	二级		II	II
57	泾河	长庆桥	平凉市	二级	省界（甘—陕）	III	IV
58	泾河	泾河桥	咸阳市	二级		III	III
59	灞河	灞河口	西安市	二级		IV	IV
60	北洛河	王谦村	渭南市	二级		IV	IV
61	伊河	龙门大桥	洛阳市	二级		II	II
62	丹河	博爱青天河村	焦作市	二级	省界（晋—豫）	IV	IV

附表4　2014年珠江流域国控断面水质

序号	河流名称	断面名称	所在地区	河流级别	断面属性	断面水质	
						2014年	2013年
1	南盘江	花山水库出口	曲靖市	干流	国控	I	II
2	南盘江	禄丰村	昆明市	干流	省控	III	II
3	南盘江	盘溪大桥	玉溪市	干流	省控	III	II
4	南盘江	三江口	黔西南	干流	省界（云—黔）	II	III
5	红水河	六排	河池市	干流	省界（黔—桂）	II	II
6	浔江	石嘴	贵港市	干流		II	II
7	浔江	武林	贵港市	干流		II	II
8	西江	封开城上	肇庆市	干流	省界（桂—粤）	II	II
9	西江	六都水厂上游	云浮市	干流		II	II
10	西江	古劳	佛山市	干流		II	II
11	珠江	莲花山	广州市	干流	入海口	IV	III
12	北江	孟洲坝电站	韶关市	干流		II	II
13	北江	七星岗	清远市	干流		II	II
14	东江	龙川城铁路桥	龙川县	干流		II	II
15	东江	东岸	东莞市	干流		II	II
16	磨刀门水道	全禄水厂	中山市	干流		II	II
17	蕉门水道	蕉门	广州市	干流	入海口	II	II
18	洪奇门水道	洪奇沥	广州市	干流	入海口	II	II
19	曲江	九甸大桥	玉溪市	一级	省控	II	II
20	北盘江	发耳	六盘水市	一级		II	III
21	都柳江	从江大桥	黔东南	一级	省界（黔—桂）	I	II
22	柳江	露塘	柳州市	一级		II	II
23	邕江	老口	南宁市	一级		II	II
24	郁江	南岸	南宁市	一级		III	III
25	漓江	大河	桂林市	一级		II	II
26	漓江	阳朔	桂林市	一级		II	II
27	桂江	石咀	梧州市	一级		II	II
28	贺江	白沙街	肇庆市	一级	省界（桂—粤）	II	II
29	武江	三溪桥	韶关市	一级	省界（湘—粤）	II	II
30	寻乌水	兴宁电站	河源市	一级	省界（赣—粤）	III	劣V
31	定南江	庙咀里	河源市	一级	省界（赣—粤）	II	II
32	汀江	青溪	梅州市	一级	省界（赣—粤）	II	II
33	打帮河	黄果树	安顺市	二级		II	II
34	龙江	六甲	河池市	二级		II	II
35	右江	巴营	百色市	二级		II	II
36	九洲江	石角	湛江市	二级	省界（桂—粤）	III	III
37	难滩河	陇屯	百色市	三级	国界（中—越）	I	II
38	归春河	德天	崇左市	三级	国界（越—中）	II	II
39	水口河	八角电站	崇左市	三级	国界（越—中）	II	II

序号	河流名称	断面名称	所在地区	河流级别	断面属性	断面水质	
						2014 年	2013 年
40	平而河	平而关	崇左市	三级	国界（越—中）	Ⅱ	Ⅱ
41	北仑河	民生	防城港市	干流	国界（中、越）	Ⅱ	Ⅱ
42	北仑河	狗尾濑	防城港市	干流	国界（中、越）	Ⅱ	Ⅱ
43	深圳河	河口	深圳市	独流入海	入海口	劣Ⅴ	劣Ⅴ
44	练江	青洋山桥	汕头市	独流入海		劣Ⅴ	劣Ⅴ
45	南渡江	山口	澄迈县	干流		Ⅱ	Ⅱ
46	南渡江	后黎村	澄迈县	干流		Ⅲ	Ⅱ
47	南渡江	龙塘	海口市	干流		Ⅲ	Ⅲ
48	南渡江	儒房	海口市	干流	入海口	Ⅱ	Ⅱ
49	万泉河	龙江	琼海市	干流		Ⅱ	Ⅱ
50	万泉河	汀洲	琼海市	干流	入海口	Ⅱ	Ⅱ
51	昌化江	乐中	乐东县	干流		Ⅱ	Ⅱ
52	昌化江	跨界桥	乐东县	干流		Ⅱ	Ⅱ
53	昌化江	大风	昌江县	干流	入海口	Ⅱ	Ⅲ
54	石碌河	叉河口	昌江县	一级	入江口	Ⅲ	Ⅲ

附表5 2014年松花江流域国控断面水质

序号	河流名称	断面名称	所在地区	河流级别	断面属性	断面水质	
						2014年	2013年
1	松花江	瀑布下	白山市	干流		劣V	劣V
2	松花江	白山大桥	白山市	干流		III	III
3	松花江	墙缝	吉林市	干流		III	III
4	松花江	兰旗大桥	吉林市	干流		II	II
5	松花江	白旗	吉林市	干流		III	II
6	松花江	松花江村	长春市	干流		III	III
7	松花江	宁江	松原市	干流		III	III
8	松花江	松林	松原市	干流	省界（吉一吉、黑）	III	III
9	松花江	肇源	大庆市	干流	省界（吉一黑）	IV	IV
10	松花江	朱顺屯	哈尔滨市	干流		III	III
11	松花江	大顶子山	哈尔滨市	干流		III	III
12	松花江	摆渡镇	哈尔滨市	干流		III	III
13	松花江	佳木斯上	佳木斯市	干流		III	III
14	松花江	佳木斯下	佳木斯市	干流		III	III
15	松花江	江南屯	佳木斯市	干流		III	III
16	松花江	同江	同江市	干流	入河口	III	IV
17	嫩江	博霍头	黑河市	一级		III	III
18	嫩江	繁荣村	讷河市	一级		III	III
19	嫩江	讷莫尔河口上	莫力达瓦旗	一级	界河（蒙一黑）	III	III
20	嫩江	拉哈	齐齐哈尔市	一级		III	IV
21	嫩江	浏园	齐齐哈尔市	一级		III	III
22	嫩江	江桥	齐齐哈尔市	一级		III	III
23	嫩江	白沙滩	白城市	一级	省界（黑一吉）	IV	III
24	嫩江	嫩江口内	大庆市	一级		IV	IV
25	辉发河	福兴	吉林市	一级	入河口	III	III
26	饮马河	靠山南楼	长春市	一级	入河口	劣V	劣V
27	拉林河	兴盛乡	哈尔滨市	一级	省界（黑一吉）	III	IV
28	拉林河	苗家	哈尔滨市	一级	入河口	III	IV
29	阿什河	阿什河口内	哈尔滨市	一级	入河口	劣V	劣V
30	呼兰河	呼兰河口内	哈尔滨市	一级	入河口	IV	V
31	牡丹江	大山	延边州	一级	省界（吉一黑）	III	III
32	牡丹江	海浪	牡丹江市	一级		III	III
33	牡丹江	柴河铁路桥	牡丹江市	一级		III	III
34	牡丹江	牡丹江口内	哈尔滨市	一级	入河口	III	III
35	倭肯河	倭肯河口内	哈尔滨市	一级		IV	IV
36	梧桐河	梧桐河口内	佳木斯市	一级		IV	IV
37	汤旺河	苗圃	伊春市	一级		V	V
38	汤旺河	友好	伊春市	一级		IV	IV
39	汤旺河	汤旺河口内	佳木斯市	一级	入河口	IV	IV

序号	河流名称	断面名称	所在地区	河流级别	断面属性	断面水质 2014 年	断面水质 2013 年
40	安邦河	滚兔岭	双鸭山市	一级		V	V
41	甘河	李屯	呼伦贝尔市	二级	省界（蒙—黑）	II	II
42	诺敏河	查哈阳乡	齐齐哈尔市	二级	省界（蒙—黑）	II	III
43	阿伦河	新发	阿荣旗	二级	省界（蒙—黑）	II	II
44	音河	音河水库	齐齐哈尔市	二级	省界（蒙—黑）	II	II
45	雅鲁河	成吉思汗	呼伦贝尔市	二级	省界（蒙—黑）	III	III
46	绰尔河	绰尔河口	扎旗	二级	省界（蒙—黑）	III	III
47	洮儿河	斯力很	兴安盟	二级	省界（蒙—吉）	III	III
48	讷谟尔河	讷谟尔河口	齐齐哈尔市	二级		III	III
49	伊通河	新立城大坝	长春市	二级		III	III
50	伊通河	杨家崴子	长春市	二级		劣 V	劣 V
51	额尔古纳河	嘎洛托	呼伦贝尔市	干流	国界（中、俄）	IV	IV
52	额尔古纳河	黑山头	呼伦贝尔市	干流	国界（中、俄）	IV	IV
53	额尔古纳河	室韦	呼伦贝尔市	干流	国界（中、俄）	IV	IV
54	额尔古纳河	伊木河	呼伦贝尔市	干流	国界（中、俄）	V	劣 V
55	黑龙江	北极村	大兴安岭地区	干流	国界（中、俄）	III	III
56	黑龙江	呼玛上	大兴安岭地区	干流	国界（中、俄）	III	III
57	黑龙江	黑河上	黑河市	干流	国界（中、俄）	III	III
58	黑龙江	黑河下	黑河市	干流	国界（中、俄）	III	III
59	黑龙江	嘉荫	伊春市	干流	国界（中、俄）	IV	V
60	黑龙江	名山	鹤岗市	干流	国界（中、俄）	IV	IV
61	黑龙江	松花江口上	同江市	干流	国界（中、俄）	IV	IV
62	黑龙江	松花江口下	同江市	干流	国界（中、俄）	III	IV
63	黑龙江	抚远	同江市	干流	国界（中、俄）	IV	IV
64	克鲁伦河	莫日根乌拉	呼伦贝尔市	一级	国界（蒙—中）	IV	IV
65	哈拉哈河	大山矿	兴安盟	二级	国界（中—蒙）	III	III
66	海拉尔河	八号牧场	呼伦贝尔市	一级		III	III
67	海拉尔河	陶海	呼伦贝尔市	一级		IV	V
68	海拉尔河	嵯岗	呼伦贝尔市	一级	入河口	IV	IV
69	根河	根河口内	呼伦贝尔市	一级	入河口	III	IV
70	呼玛河	塔河大桥	大兴安岭地区	一级		II	III
71	呼玛河	呼玛河口内	大兴安岭地区	一级	入河口	III	III
72	逊别拉河	西双河大桥	黑河市	一级	入河口	III	III
73	乌苏里江	虎头上	虎林市	一级	国界（中、俄）	IV	IV
74	乌苏里江	饶河上	双鸭山市	一级	国界（中、俄）	III	III
75	乌苏里江	乌苏镇	同江市	一级	国界（中、俄）	IV	IV
76	松阿察河	858 九队	虎林市	二级		IV	IV
77	穆棱河	碱场桥	鸡西市	二级		IV	IV
78	穆棱河	知一桥	密山市	二级		IV	IV
79	穆棱河	穆棱河口内	虎林市	二级	入河口	III	IV

序号	河流名称	断面名称	所在地区	河流级别	断面属性	断面水质 2014年	2013年
80	挠力河	宝清大桥	双鸭山市	二级		III	III
81	挠力河	挠力河口内	双鸭山市	二级	入河口	III	III
82	绥芬河	三岔口	牡丹江市	干流	国界（中、俄）	III	III
83	图们江	崇善	延边州	干流	国界（中、朝）	III	III
84	图们江	南坪	延边州	干流	国界（中、朝）	V	V
85	图们江	开山屯下	延边州	干流	国界（中、朝）	—	III
86	图们江	图们	延边州	干流	国界（中、朝）	III	III
87	图们江	河东	延边州	干流	国界（中、朝）	IV	IV
88	图们江	圈河	延边州	干流	国界（中、朝）	IV	IV

附表6　2014年淮河流域国控断面水质

序号	河流名称	断面名称	所在地区	河流级别	断面属性	断面水质 2014年	断面水质 2013年
1	淮河	长台关甘岸桥	信阳市	干流		III	III
2	淮河	息县大埠口	信阳市	干流		IV	III
3	淮河	淮滨水文站	信阳市	干流	省界（豫—皖）	III	III
4	淮河	王家坝	阜阳市	干流		IV	IV
5	淮河	鲁台孜	淮南市	干流		III	III
6	淮河	石头埠	淮南市	干流		II	III
7	淮河	蚌埠闸上	蚌埠市	干流		II	II
8	淮河	沫河口	蚌埠市	干流		II	III
9	淮河	小柳巷	滁州市	干流	省界（皖—苏）	III	III
10	淮河	盱眙淮河大桥	淮安市	干流		III	III
11	浉河	琵琶山桥	信阳市	一级	入河口	III	III
12	史河	固始李畈	信阳市	一级	省界（皖—豫）	III	II
13	史灌河	蒋集水文站	信阳市	一级	省界（豫—皖）	III	III
14	颍河	白沙水库	许昌市	一级		II	II
15	颍河	界首七渡口	阜阳市	一级	省界（豫—皖）	劣V	V
16	颍河	康店	周口市	一级		IV	IV
17	颍河	槐店闸	周口市	一级		V	V
18	颍河	临颍吴刘闸	漯河市	一级		III	III
19	颍河	阜阳段下	阜阳市	一级		IV	IV
20	颍河	杨湖	阜阳市	一级		IV	IV
21	洪河	西平杨庄	驻马店市	一级		劣V	劣V
22	洪河	新蔡班台	驻马店市	一级	省界（豫—皖）	劣V	V
23	潢河	潢川水文站	信阳市	一级	入河口	III	III
24	沱河	小王桥	淮北市	一级	省界（豫—皖）	劣V	V
25	沱河	关咀	蚌埠市	一级		III	IV
26	浍河	蚌埠固镇	蚌埠市	一级		III	III
27	浍河	黄口	商丘市	一级	省界（豫—皖）	IV	IV
28	浍河	临涣集	淮北市	一级		IV	V
29	涡河	岳坊大桥	亳州市	一级		劣V	劣V
30	涡河	邸阁	开封市	一级		IV	IV
31	涡河	亳州	亳州市	一级	省界（豫—皖）	劣V	劣V
32	涡河	龙亢	蚌埠市	一级		III	III
33	西淝河	西淝河闸下	淮南市	一级	入河口	III	II
34	白塔河	天长化工厂	滁州市	一级		IV	IV
35	池河	公路桥	滁州市	一级		IV	IV
36	新汴河	团结闸	泗洪县	一级	省界（皖—苏）	IV	IV
37	新濉河	大屈	泗洪县	一级	省界（皖—苏）	V	V
38	东淝河	五里闸	六安市	一级		IV	III
39	沣河	工农兵大桥	六安市	一级	入河口	IV	III

序号	河流名称	断面名称	所在地区	河流级别	断面属性	断面水质 2014年	断面水质 2013年
40	浉河	大店岗	六安市	一级	入河口	IV	III
41	沂河	港上桥	徐州市	一级	省界（鲁—苏）	III	III
42	沂河	临沂北大桥	临沂市	一级		III	III
43	泗河	兖州南大桥	济宁市	一级		IV	IV
44	泗河	尹沟	济宁市	一级	入湖口	III	III
45	沭河	道口	临沂市	一级		IV	III
46	沭河	李庄	徐州市	一级	省界（鲁—苏）	III	III
47	京杭运河	宝应船闸	扬州市	一级		III	III
48	京杭运河	蔺家坝	徐州市	一级		III	III
49	京杭运河	马陵翻水站	宿迁市	一级		III	III
50	京杭运河	槐泗河口	扬州市	一级		III	III
51	韩庄运河	台儿庄大桥	枣庄市	一级	省界（鲁—苏）	III	III
52	梁济运河	李集	济宁市	一级	入湖口	III	III
53	支脉河	陈桥	东营市	一级	入海口	V	V
54	苏北灌溉总渠	渠北闸	淮安市	一级		III	III
55	大沽河	斜拉桥	青岛市	一级	入海口	IV	IV
56	胶莱河	新河大闸	青岛市	一级	入海口	劣V	劣V
57	小清河	三岔	东营市	一级	入海口	V	V
58	小清河	辛丰庄	济南市	一级	入海口	劣V	劣V
59	小清河	羊口	潍坊市	一级	入海口	劣V	劣V
60	如泰运河	东安闸桥西	南通市	独流入海	入海口	III	IV
61	蔷薇河	临洪闸	连云港市	独流入海	入海口	III	III
62	新洋港	新洋港闸	盐城市	独流入海	入海口	III	III
63	大沙河	包公庙	商丘市	二级	省界（豫—皖）	IV	IV
64	北汝河	大陈闸	平顶山市	二级	入河口	III	III
65	奎河	黄桥	徐州市	二级	省界（苏—皖）	V	劣V
66	惠济河	刘寨村后	亳州市	二级	省界（豫—皖）	劣V	劣V
67	澧河	三里桥	漯河市	二级		II	II
68	汝河	沙口	驻马店市	二级	入河口	V	IV
69	怀洪新河	五河	蚌埠市	二级		III	III
70	沙河	西华程湾	漯河市	二级	入河口	III	III
71	贾鲁河	西华大王庄	周口市	二级	入河口	劣V	劣V
72	泉河	许庄	阜阳市	二级	省界（豫—皖）	V	V
73	包河	颜集	亳州市	二级	省界（豫—皖）	劣V	劣V
74	黑茨河	张大桥	阜阳市	二级	省界（豫—皖）	劣V	劣V
75	西偏泓	艾山西大桥	邳州市	二级	省界（鲁—苏）	III	III
76	新沭河	大兴桥	临沂市	二级	省界（鲁—苏）	III	III
77	东邳苍分洪道	东偏泓	临沂市	二级	省界（鲁—苏）	II	III
78	东邳苍分洪道	林子	临沂市	二级		III	III
79	新沂河	张庄	沭阳县	二级		III	III

序号	河流名称	断面名称	所在地区	河流级别	断面属性	断面水质	
						2014年	2013年
80	洙水河	105公路桥	济宁市	二级	入湖口	III	III
81	武河	310公路桥	临沂市	二级	省界（鲁—苏）	III	III
82	光府河	东石佛	济宁市	二级	入湖口	III	III
83	老万福河	高河桥	济宁市	二级		III	III
84	白马河	捷庄	临沂市	二级	省界（鲁—苏）	IV	IV
85	白马河	马楼	济宁市	二级	入湖口	III	III
86	老运河	老运河微山段	济宁市	二级		III	III
87	老运河	西石佛	济宁市	二级	入湖口	III	III
88	沿河	李集桥	徐州市	二级	省界（苏—鲁）	II	III
89	城郭河	群乐桥	枣庄市	二级		III	III
90	西支河	入湖口	济宁市	二级	入湖口	III	III
91	沙沟河	沙沟桥	临沂市	二级	省界（鲁—苏）	IV	IV
92	东渔河	西姚	济宁市	二级	入湖口	III	III
93	洙赵新河	于楼	菏泽市	二级		劣V	IV
94	盐河	朱码闸	淮安市	二级		III	III

附表 7　2014 年海河流域国控断面水质

序号	河流名称	断面名称	所在地区	河流级别	断面属性	断面水质 2014 年	断面水质 2013 年
1	滦河	大河口	锡林郭勒盟	干流	省界（蒙—冀）	III	III
2	滦河	偏桥子大桥	承德市	干流		III	IV
3	滦河	大杖子（一）	承德市	干流	入库口	III	III
4	滦河	大黑汀水库	唐山市	干流		II	II
5	柳河	大杖子（二）	承德市	一级	入河口	II	II
6	瀑河	大桑园	承德市	一级	入库口	II	III
7	海河	三岔口	天津市	干流		IV	IV
8	海河	海河大闸	天津市	干流	入海口	劣V	劣V
9	永定新河	塘汉公路大桥	滨海新区	独流入海	入海口	劣V	劣V
10	子牙新河	阎辛庄	沧州市	独流入海	省界（冀—津）、入海口	劣V	劣V
11	漳卫新河	小泊头桥	滨州市	独流入海	入海口	V	V
12	引滦入津河	于桥水库出口	天津市	引水渠道		III	II
13	南排河	李家堡一	沧州市	独流入海	入海口	劣V	劣V
14	宣惠河	大口河口	沧州市	独流入海	入海口	劣V	劣V
15	清水河	墙子路	承德市	一级	省界（冀—京）	II	II
16	潮河	古北口	密云县	一级	省界（冀—津）	II	II
17	白河	后城	张家口市	一级	省界（冀—京）	III	III
18	潮白新河	大套桥	宝坻区	一级	省界（冀—津）	劣V	劣V
19	北运河	榆林庄	通州区	一级	省界（京—冀）	劣V	劣V
20	北运河	王家摆	廊坊市	一级	省界（京—冀）	劣V	劣V
21	北运河	土门楼	武清区	一级	省界（冀—津）	劣V	劣V
22	桑干河	册田水库出口	大同市	一级	省界（晋—冀）	IV	V
23	桑干河	温泉屯	张家口市	一级		III	III
24	永定河	八号桥	张家口市	一级	省界（冀—京）、入库口	IV	IV
25	永定河	沿河城	门头沟区	一级	省界（冀—京）	I	II
26	滹沱河	闫家庄大桥	阳泉市	一级	省界（晋—冀）	II	II
27	滹沱河	下槐镇	石家庄市	一级	入库口	III	III
28	卫河	小河口	新乡市	一级		劣V	劣V
29	卫河	南乐元村集	濮阳市	一级	省界（豫—冀）	劣V	劣V
30	卫河	龙王庙	邯郸市	一级	省界（豫—冀）	劣V	劣V
31	卫运河	称勾湾	聊城市	一级	省界（冀—鲁）	劣V	劣V
32	卫运河	临清	邢台市	一级	省界（鲁—冀）	劣V	劣V
33	南运河	第三店	德州市	一级	省界（鲁—冀）	V	V
34	淋河	淋河桥	蓟县	二级	省界（冀—津）	III	II
35	黎河	黎河桥	蓟县	二级	省界（冀—津）	III	III
36	果河	果河桥	蓟县	二级	入库口	III	III
37	沟河	东店	平谷区	二级	省界（京—冀）	劣V	劣V

序号	河流名称	断面名称	所在地区	河流级别	断面属性	断面水质	
						2014 年	2013 年
38	妫水河	谷家营	延庆县	二级	入库口	V	IV
39	洋河	左卫桥	张家口市	二级		IV	III
40	御河	堡子湾	大同市	二级	省界（蒙—晋）	IV	V
41	龙河	大王务	廊坊市	二级	省界（冀—津）	劣V	V
42	拒马河	大沙地	房山区	二级	省界（冀—京）	I	II
43	拒马河	张坊	房山区	二级	省界（京—冀）	I	II
44	大石河	码头	保定市	二级	省界（京—冀）	劣V	劣V
45	唐河	南水芦	大同市	二级	省界（晋—冀）	III	III
46	绵河	地都	石家庄市	二级	省界（晋—冀）	IV	IV
47	滏阳河	艾辛庄	邢台市	二级		劣V	劣V
48	岔河	田龙庄	德州市	二级		劣V	劣V
49	岔河	东宋门	沧州市	二级	省界（鲁—冀）	劣V	劣V
50	浊漳河	王家庄	长治市	二级	省界（晋—冀）	III	V
51	漳河	岳城水库出口	邯郸市	二级		II	II
52	淇河	黄花营	鹤壁市	二级		II	I
53	大沙河	修武水文站	新乡市	二级		劣V	劣V
54	沙河	沙河桥	蓟县	三级	省界（冀—津）	III	II
55	清水河	老鸦庄	张家口市	三级	入河口	IV	III
56	府河	焦庄	保定市	三级		劣V	劣V
57	府河	安州	保定市	三级		劣V	劣V
58	清漳河	刘家庄	邯郸市	三级	省界（晋—冀）	II	III
59	马颊河	南乐水文站	濮阳市	干流	省界（豫—冀）	IV	劣V
60	马颊河	胜利桥	滨州市	干流	入海口	V	V
61	徒骇河	毕屯	聊城市	干流	省界（豫—鲁）	劣V	IV
62	徒骇河	前油坊	德州市	干流		V	劣V
63	徒骇河	夏口	济南市	干流		IV	劣V
64	徒骇河	富国	滨州市	干流	入海口	V	V

附表 8　2014 年辽河流域国控断面水质

序号	河流名称	断面名称	所在地区	河流级别	断面属性	断面水质 2014 年	断面水质 2013 年
1	老哈河	甸子	赤峰市	干流		II	II
2	老哈河	东山湾	赤峰市	干流		III	III
3	西辽河	苏家堡	通辽市	干流		IV	V
4	西辽河	西辽河大桥	四平市	干流	省界（蒙—吉）	IV	IV
5	西辽河	二道河子	通辽市	干流	省界（吉—蒙）	IV	IV
6	辽河	福德店	铁岭市	干流	省界（蒙—辽）	IV	IV
7	辽河	珠尔山	铁岭市	干流		IV	IV
8	辽河	红庙子	沈阳市	干流		V	IV
9	辽河	兴安	盘锦市	干流		IV	IV
10	辽河	赵圈河	盘锦市	干流	入海口	IV	IV
11	东辽河	辽河源	辽源市	干流		II	II
12	东辽河	河清（入二龙山水库）	辽源市	干流		V	劣V
13	东辽河	城子上	四平市	干流		V	IV
14	东辽河	四双大桥	四平市	干流	省界（吉—辽）	IV	III
15	清河	清辽	铁岭市	一级		IV	IV
16	汛河	黄河子	铁岭市	一级		IV	IV
17	西拉沐沦河	海日苏	赤峰市	一级		IV	III
18	招苏台河	六家子	四平市	一级	省界（吉—辽）	V	劣V
19	招苏台河	通江口	铁岭市	一级	入河口	V	IV
20	条子河	林家	四平市	二级	省界（吉—辽）	劣V	劣V
21	浑河	阿及堡	抚顺市	干流		II	II
22	浑河	大伙房水库	抚顺市	干流		II	II
23	浑河	戈布桥	抚顺市	干流		IV	IV
24	浑河	东陵大桥	沈阳市	干流		IV	IV
25	浑河	砂山	沈阳市	干流		IV	IV
26	浑河	于家房	沈阳市	干流		劣V	IV
27	大辽河	三岔河	盘锦市	干流		IV	IV
28	大辽河	辽河公园	营口市	干流	入海口	IV	IV
29	太子河	老官砬子	本溪市	一级		II	II
30	太子河	兴安1	本溪市	一级		IV	IV
31	太子河	参窝坝下	辽阳市	一级		IV	IV
32	太子河	下口子	辽阳市	一级		IV	IV
33	太子河	小姐庙	鞍山市	一级	入河口	IV	IV
34	白塔堡河	曹仲屯	沈阳市	一级		劣V	IV
35	蒲河	蒲河沿	沈阳市	一级		V	IV
36	细河	于台	沈阳市	一级		劣V	V
37	大凌河	南大桥	朝阳市	独流入海		II	II
38	大凌河	章吉营	朝阳市	独流入海		III	IV

序号	河流名称	断面名称	所在地区	河流级别	断面属性	断面水质 2014 年	断面水质 2013 年
39	大凌河	王家沟	锦州市	独流入海		III	II
40	大凌河	西八千	锦州市	独流入海	入海口	IV	III
41	西细河	高台子	阜新市	一级		IV	IV
42	鸭绿江	二十三道沟	白山市	干流	国界（中、朝）	II	II
43	鸭绿江	鸠谷	集安市	干流	国界（中、朝）	II	II
44	鸭绿江	葫芦套	集安市	干流	国界（中、朝）	II	II
45	鸭绿江	云峰	集安市	干流	国界（中、朝）	II	II
46	鸭绿江	太王	集安市	干流	国界（中、朝）	II	II
47	鸭绿江	水文站	集安市	干流	国界（中、朝）	II	II
48	鸭绿江	太平江口	集安市	干流	国界（中、朝）	II	II
49	鸭绿江	老虎哨	集安市	干流	国界（中、朝）、省界（吉—辽）	II	II
50	鸭绿江	荒沟	丹东市	干流	国界（中、朝）	I	I
51	鸭绿江	江桥	丹东市	干流	国界（中、朝）	II	II
52	鸭绿江	文安	丹东市	干流	国界（中、朝）	II	II
53	鸭绿江	厦子沟	丹东市	干流	国界（中、朝）	II	II
54	浑江	大阳岔	白山市	一级		II	II
55	浑江	民主	通化市	一级	省界（吉—辽）	II	II

附表9　2014年浙闽片河流国控断面水质

序号	河流名称	断面名称	所在地区	河流级别	断面属性	断面水质	
						2014年	2013年
1	新安江	篁墩	黄山市	干流	入河口	II	II
2	新安江	街口	杭州市	干流	省界（皖—浙）	II	II
3	率江	率水大桥	黄山市	一级	入河口	II	II
4	横江	横江大桥	黄山市	一级	入河口	II	II
5	练江	浦口	黄山市	一级	入河口	III	III
6	衢江	浮石渡	衢州市	干流		III	III
7	兰江	将军岩	兰溪市	干流		III	III
8	富春江	桐庐	杭州市	干流		III	III
9	钱塘江	闸口	杭州市	干流		III	II
10	钱塘江	七堡	杭州市	干流	入海口	III	III
11	浦阳江	浦阳江出口	上虞市	一级	入河口	IV	III
12	曹娥江	汤曹汇合口	上虞市	干流		II	III
13	曹娥江	曹娥江大闸前	绍兴市	干流	入海口	IV	IV
14	新昌江	长诏水库出口	绍兴市	一级		I	I
15	甬江	三江口	宁波市	干流		IV	IV
16	甬江	游山	宁波市	干流	入海口	IV	IV
17	奉化江	溪口	宁波市	一级	入河口	II	I
18	姚江	清林渡	宁波市	一级	入河口	III	III
19	椒江	老鼠屿	台州市	干流	入海口	III	III
20	始丰溪	沙段	临海市	一级	入河口	II	II
21	永安溪	柏枝岙	临海市	一级	入河口	II	II
22	瓯江	小旦	温州市	干流		I	II
23	瓯江	龙湾	温州市	干流	入海口	III	II
24	龙泉溪	均溪	丽水市	干流		II	II
25	大溪	石门洞	丽水市	干流		II	II
26	飞云江	赵山渡	温州市	干流		I	II
27	飞云江	第三农业站	瑞安市	干流	入海口	III	II
28	鳌江	江口渡	温州市	干流	入海口	IV	IV
29	闽江	十里庵	南平市	干流		III	II
30	闽江	闽清格洋口	福州市	干流		III	III
31	闽江	闽侯竹岐	福州市	干流		III	III
32	闽江	闽安	福州市	干流	入海口	III	III
33	闽江	连江琯头	福州市	干流		III	III
34	富屯溪	邵武晒口桥	南平市	一级	入河口	III	III
35	建溪	建瓯七里街	南平市	一级	入河口	III	III
36	沙溪	水汾桥	南平市	一级	入河口	III	II
37	大樟溪	闽侯大樟溪口	福州市	一级	入河口	II	III
38	敖江	连江荷山渡口	福州市	干流	入海口	III	II
39	霍童溪	八都	宁德市	干流	入海口	II	II

序号	河流名称	断面名称	所在地区	河流级别	断面属性	断面水质	
						2014 年	2013 年
40	交溪	福安赛岐	宁德市	干流	入海口	III	II
41	木兰溪	三江口	莆田市	干流	入海口	V	IV
42	晋江	鲟埔	泉州市	干流	入海口	III	III
43	九龙江	河口	厦门市	干流	入海口	V	IV
44	北溪	华安西陂	漳州市	一级		III	III
45	西溪	南靖靖城桥	漳州市	一级		III	III

附表 10　2014 年西北诸河国控断面水质

序号	河流名称	断面名称	所在地区	断面属性	断面水质	
					2014 年	2013 年
1	特克斯河	昭苏解放桥	昭苏县	国界（哈—中）	II	II
2	特克斯河	科布大桥	特克斯县		II	II
3	特克斯河	龙口大桥	巩留县		II	II
4	伊犁河	雅马渡大桥	伊宁县		II	II
5	伊犁河	英牙儿乡	伊宁市		II	II
6	伊犁河	霍城 63 团伊犁河大桥	霍城县	国界（中—哈）	II	II
7	巩乃斯河	羊场大桥	新源县	入河口	II	II
8	喀什河	喀什河大桥	伊宁县	入河口	II	II
9	额尔齐斯河	卡库汇合口	富蕴县		III	II
10	额尔齐斯河	富蕴大桥	富蕴县		II	II
11	额尔齐斯河	北屯大桥	阿勒泰市		II	II
12	额尔齐斯河	布尔津水文站	布尔津县		II	II
13	额尔齐斯河	额河南湾	哈巴河县	国界（中—哈）	II	II
14	别列则克河	别列则克桥	哈巴河县	国界（哈—中）	II	III
15	哈巴河	哈拉他什水文站	哈巴河县	国界（哈—中）	II	II
16	布尔津河	布尔津河大桥	布尔津县	入河口	II	II
17	乌伦古河	顶山	福海县	入湖口	III	II
18	布尔根河	塔克什肯	清河县	国界（蒙—中）	II	II
19	塔里木河	阿拉尔	阿拉尔市		II	II
20	塔里木河	十四团	沙雅县		II	II
21	塔里木河	沙雅	沙雅县		II	II
22	塔里木河	轮台	轮台县		II	I
23	塔里木河	尉犁	尉犁县		II	II
24	托什干河	哈拉布拉克	阿合奇县	国界（吉—中）	II	II
25	昆玛力克河	协合拉	温宿县	国界（吉—中）	II	II
26	阿克苏河	龙口	阿克苏市		II	II
27	阿克苏河	塔里木拦河闸	阿克苏市	入河口	II	II
28	开都河	哈尔莫墩	和静县		II	I
29	开都河	博湖	博湖县	入湖口	II	I
30	孔雀河	汇合口	库尔勒市		II	II
31	孔雀河	兰干	库尔勒市		II	II
32	额敏河	巴士拜大桥	塔城市	国界（中—哈）	III	III
33	克孜河	斯木哈纳	乌恰县	国界（吉—中）	II	II
34	克孜河	三级电站	疏附县		II	II
35	克孜河	十二医院	喀什市		劣 V	劣 V
36	叶尔羌河	卡群	莎车县		II	II
37	叶尔羌河	阿瓦提镇	莎车县		II	II
38	乌鲁木齐河	跃进桥	乌鲁木齐市		II	II
39	乌鲁木齐河	英雄桥	乌鲁木齐市		II	II

序号	河流名称	断面名称	所在地区	断面属性	断面水质	
					2014 年	2013 年
40	乌鲁木齐河	青年渠	乌鲁木齐市		II	II
41	乌鲁木齐河	高家户桥	乌鲁木齐市		-	-
42	玛纳斯河	红山咀	石河子市		II	II
43	玛纳斯河	玛纳斯电厂	石河子市		II	II
44	玉龙喀什河	通古斯拉克	和田县		III	II
45	玉龙喀什河	玉河大桥	和田市		III	II
46	奎屯河	老龙口	奎屯市		II	II
47	奎屯河	黄沟二库	奎屯市	入湖口	II	II
48	黑河	黄藏寺	海北州	省界（青—甘）	I	II
49	黑河	莺落峡	张掖市		I	II
50	黑河	高崖水文站	张掖市		II	III
51	北大河	冰沟	嘉峪关市		II	I
52	北大河	火车站	嘉峪关市		II	I

附表 11　2014 年西南诸河国控断面水质

序号	河流名称	断面名称	所在地区	河流级别	断面属性	断面水质	
						2014 年	2013 年
1	雅鲁藏布江	色麦	曲水县	干流		III	II
2	雅鲁藏布江	冻萨	贡嘎县	干流	国界（中—印）	III	II
3	雅鲁藏布江	米瑞	林芝地区	干流	国界（中—印）	II	II
4	拉萨河	才纳	拉萨市	一级		III	II
5	拉萨河	达孜	拉萨市	一级		II	II
6	堆龙河	东嘎	德庆县	二级	入河口	III	II
7	朋曲	定结	定结县	干流	国界（中—尼）	II	III
8	狮泉河	噶尔	噶尔县	干流	国界（中—印）	II	II
9	澜沧江	曲孜卡	芒康县	干流	省界（藏—滇）	劣V	III
10	澜沧江	嘎旧	临沧市	干流		II	II
11	澜沧江	景临桥	临沧市	干流		II	II
12	澜沧江	州水文站	西双版纳州	干流		II	II
13	澜沧江	勐罕渡口	西双版纳州	干流		II	II
14	澜沧江	关累码头	西双版纳州	干流	国界（中—缅）	II	II
15	盘龙河	天保农场	文山州	一级	界河（中、越）	III	III
16	怒江	怒江桥	昌都地区	干流		V	III
17	怒江	拉甲木底桥	怒江州	干流		II	II
18	怒江	丙舍桥	怒江州	干流		II	II
19	怒江	红旗桥	保山市	干流	国界（中—缅）	II	II
20	南汀河	孟定大桥	临沧市	一级		III	III
21	元江	坝洪村	玉溪市	干流		II	II
22	红河	龙脖渡口	红河州	干流		III	III
23	红河	河口县医院	红河州	干流	国界（中—越）	III	III
24	南溪河	蚂蟥堡桥	红河州	一级		II	II
25	南溪河	中越桥	红河州	一级		II	II
26	藤条江	那发	红河州	一级	国界（中—越）	II	II
27	李仙江	土卡河	普洱市	一级		II	II
28	大盈江	汇流电站	德宏州	一级	国界（中—缅）	II	II
29	瑞丽江	嘎中大桥	德宏州	一级		II	II
30	瑞丽江	姐告大桥	德宏州	一级	界河（中、缅）	II	II
31	南畹河	迭撒大桥	德宏州	二级	国界（中—缅）	II	II